OHSAMA BUNKO

トヨタvs.ホンダ
——どちらのクルマを買

三本和彦

三笠書房

はじめに 「重厚さと風格」のトヨタ、「情熱と技術」のホンダ

——いいクルマはこれだ！

かつて、日本には12社もの自動車メーカーが共存した。50年ほど前のことである。そして、鎬《しのぎ》を削って製品をつくり、競い、やがて弱きは敗れた。

これら自動車メーカーの中核は、旧帝国軍部の保護と指導によってクルマづくりをしていたトヨタ、日産、いすゞで、自動車メーカー御三家と呼ばれた。

敗戦後、航空機メーカーが自動車生産に参入して混戦状態となり、業界の強弱が明確化しはじめたのが１９６０年代半ばごろからである。

自由資本主義国・日本の行政は、大きなお世話にも、経営困難に陥ったプリンス自動車を御三家のひとつ日産との合併に導いた。

日産に呑み込まれた旧プリンス系従業員の苦難の物語は、一巻の書にまとめても余りあると思っている。

そして、現在その日産は、フランスの公団的自動車メーカー・ルノーの資本注入を再起の杖としている。

もうひとつの御三家いすゞは乗用車開発で疲弊し、アメリカのゼネラル・モータースに助力を求めた。

他の自動車メーカーを見ても、マツダはフォードに、三菱はダイムラー・クライスラーに、富士重工はGMに財政の一部を肩代わりしてもらって立っているのが現状である。

ところが、トヨタは、戦後乗用車生産に転ずるのに外国技術の導入をせず、自力で生き延びた。

外資自由化に脅えたダイハツを抱え込み、常に手堅い経営に徹し、借入金なしで自立して危なげない。中京の中心的産業として地域の優秀な人材を集め、見事な大産業に成長した。

しかも、トヨタには自己清浄化能力も備わっている。大企業にありがちな腐敗を極端に嫌う体質を、少なくとも現在も保持している。

トヨタには〝粋〟なところはあまり見られないが、素封家としての重厚さと風格がある。そして民族資本産業の一方の雄となっている。

トヨタ以外の民族資本は東の雄ホンダで、現存する自動車メーカーでは若いほうだ。創業は戦後。自動車の補助エンジン生産から始め、二輪車をつくり、やがて四輪車に手を伸ばした。「夢多い」創業者、本田宗一郎を慕って集まってきた、素性怪しき夢見るエンジニア集団が業を継いでいる。徹底した実力主義が社風だ。

今やすでに、中堅エンジニアで宗一郎の謦咳《けいがい》に接した者はほとんどいなくなった。それでも、ホンダイズムとカリスマ宗一郎の夢を紡ぐことに情熱的な技術者は多い。いわば、徳川家康的な素封性に支えられたトヨタに対し、一向宗《いっこうしゅう》的婆娑羅者《ばさらもの》集団のホンダと、この二つのみが外部支配を受けずに立っている。

消費者の立場から考えてみれば、相対する全く社風の異なる両社の製品が存在するのは幸いなことである。

世界には、まだ4億台のクルマが必要とされ、しかも、クルマの存在が環境を損なうものであってはならず、田園都市はもちろんのこと、自然の美観を害するものであってはならない。そのような条件を満たした、乗って「気持ちのいいクルマ」こそが望まれている。

本書は、そんな了見が筆者の根底にあって、その筆者の感じたまま、客観性を半ば捨てて急ぎ書き上げたものである。

まえがきのおわりに、取材に助力してくれた長谷川功氏に感謝する。

三本和彦

トヨタvs.ホンダ——どちらのクルマを買う？ ◇ 目次

PART 1 コンパクトカー

ヴィッツ［トヨタ］vs. フィット［ホンダ］

PART2 ミニバン

「ミニバン王国」ホンダをトヨタは止められるか？

PART3 セダン

離れたユーザーを取り戻すのはどちらか？

カローラ［トヨタ］vs.シビック フェリオ［ホンダ］

PART4 SUV

ブームもさめた今、生き残るのはどちらか？

PART5

ワゴン

実用性と走行性能――ワゴンを制するのはどちらか？

カローラ フィールダー［トヨタ］vs. シビック［ホンダ］

PART6

スポーティカー

「走りの性能」が優れているのはどちらか？

セリカ／アルテッツァ［トヨタ］vs. インテグラ タイプR／S2000［ホンダ］

PART7

ハイブリッドモデル

将来を左右する「環境対策技術」はどちらが勝るのか?

プリウス／エスティマ ハイブリッド［トヨタ］vs. インサイト／シビック ハイブリッド［ホンダ］

PART 1
コンパクトカー
"国際標準"のクルマづくりに成功したのはどちらか?

●今なぜ「コンパクトカー」がブームなのか？

今、日本に限らず世界的に、サブコンパクトカーとかスモールカーと呼ばれるクルマが注目されている。その背景にあるのは環境問題であり、低公害で燃費のよいクルマ＝小排気量エンジンを搭載した小型車という図式から、スモールカーが一種の流行になっているのだ。

とくに欧州は地球温暖化に敏感で、温暖化の大きな要因である、クルマから排出されるCO_2を厳しく抑えることで意見がまとまっている。欧州自動車工業会（ACEA）は、2008年までに、1995年のCO_2値よりも25％低い140gにする（1km走行時のCO_2排出量）ことで合意している。こういった環境下では、やはりコンパクトカーがクローズアップされるのは自然な流れだといえる。

ただし、ここには、自動車メーカーの思惑も隠れている。

メーカー側から見れば、コンパクトカーは利幅が小さく、ラージカーのほうが利益が出ることはたしかだ。モデルによっては、1000ccクラスのクルマを20台、30台売った以上の利益を1台の上級車で稼ぐことができる。

しかし、自動車メーカーの社会的な責任は重いため、環境対策として、各メーカーごとに、販売するクルマの総台数から算出した平均燃費を示すことが定められた。つまり、利幅が大きいからといって燃費の悪い大型車ばかり販売しているメーカーは、それだけ環境意識が低い企業と見られてしまう。

そこで各メーカーはスモールカーの開発に真剣に取り組んだ。たとえ1台ごとの利幅は小さくても、燃費のいい売れるクルマをつくれば、その分で大型車の燃費の悪さをカバーし、なおかつ利潤を上げることができるからだ。

ただし、燃費がよくても売れなければメーカーにとってうまみは少ない。そのため、エンジニアは全精力を傾けて開発に取り組んでいる。

日本のメーカーのなかでもトヨタとホンダは、数年前から、弱体だった欧州市場の開拓に積極的に取り組みだした。なにしろ、欧州は北米と同規模の市場で、日本の自動車メーカーにとって無視できない存在だ。とくにバブル経済がはじけたあと、日本での自動車販売台数が落ち込み、その分を埋めるには欧州での販売を伸ばすしか手段がなかったこともある。そこで、トヨタとホンダは欧州で売れるクルマの開発を積極的に進め、それぞれ、ヴィッツ、フィットという人気モデルを仕上げた。

ヴィッツ［トヨタ］ VS. フィット［ホンダ］

ヴィッツの評価 「商品づくり」のうまさは光るが脚回りは今ひとつ

コンセプト……「欧州市場で勝負できるクルマを」

クルマも、新顔のほうが注目度が高いのは当然で、ホンダのフィットのデビュー以降、ヴィッツはやや人気を奪われている。しかし、3年を経過した現時点でも、月平均の登録台数は8千台を維持している。大成功したモデルといっていいだろう。

もともと、トヨタには、エントリーカーとしてスターレットがあった。しかし、スターレットは、トヨタの思惑ほどにはトヨタ一家の下支えをすることができなかった。ときには日産のマーチに後れをとることもあり、トヨタには耐えられないことだっただろう。「かっ飛び」のキャッチフレーズでスポーツモデルを投入するなど、さまざまな策を講じてきたものの、結局、スターレットは、トヨタ一家の期待に応えられなかった。とくに、世界の市場で戦える、カローラより下のスモールカーが欲しかったトヨタにとって、スターレットは明らかに力不足だった。

逆に、ヴィッツが成功した秘密は、はじめから国際戦略車として開発したところにある。トヨタは米国では健闘しているものの、欧州ではいまひとつ認知度が低かった。そこで、カローラ以外のモデル、スモールカーを投入し、シェア拡大を狙ったというのがヴィッツ誕生のベースになっている。

バブル経済崩壊後、日本の自動車市場はじり貧状態になり、減少分を取り戻すには、欧州市場を拡大することが急務だった。また、世界の自動車メーカーは統廃合が進み、自国内だけでは立ちゆかない状況が出てきている。こういったいくつかの理由も重なり、トヨタとしても、より積極的に海外市場の開拓をする必要があった。

欧州で支持されるにはどんなクルマをつくればいいのか？　最初はデザインだった。欧州では「クルマは合理性のパッケージングだ」といわれるが、欧州人は美意識も高く、個性も追求する。そのため、個性的で洗練されたエクステリアを与えられた欧州のコンパクトカーと勝負できるだけの姿形にしなければならない。その結果として、ヴィッツは現在のような、やや日本車ばなれしたデザインになった。

トヨタは、ニューモデルの開発にあたって、デザインのコンペにかける。ヴィッツも、欧州トヨタのデザインスタジオ（EPOC）と、日本国内のスタジオの作品がコンペにかけられた。

欧州トヨタのデザインチームは現在、南フランスのニース郊外にあるが、当時はベルギーのブリュッセルにあり、欧米人のデザイナーが多数働いていた。そのなかの一人、ギリシャ人デザイナーのソトリス・コボスのデザインが、最終的に日本国内のスタジオの作より評価され、今のヴィッツになった。これが、ヴィッツが、いわゆる日本車的な平凡なデザインにならなかった理由だ。

ヴィッツのうまいのは、個性的なデザインながら、やりすぎていないところだろう。過去、個性を強調しすぎたクルマは日本で売れたためしがないし、逆に、その他多数に埋没してしまうような、平凡な姿形のクルマもアピールできないまま終わってしまう例が多い。その点、ヴィッツは、新しさや、若い女性がいうところの「可愛らしさ」を取り込みながら、出すぎていない。このあたりが、商品づくりのうまいトヨタならではのクルマだ。ただし、ヴィッツには、新しい流れをつくっていくだけの強さは感じない。むしろ、時代の波をつかむことに長けたトヨタが、その波に乗るクルマを、つくりのうまさでまとめあげ、割安感のある価格設定をした……、それがヴィッツだったということではないだろうか。いわば流行物といってもいいだろう。

ヴィッツを冷静に見ると、日本にミニバンのジャンルを定着させたホンダのオデッセイ、ワゴンを認知させたスバルのレガシィのような、ジャンルを切り開くだけの強さはなく、これといって秀でたハイテクが採用されているわけでもない。ダイハツ系の技術を生かしたエンジン以外、見るべきアイデアが盛り込まれているわけでもない。

キャビン……欧州カー・オブ・ザ・イヤーに輝いた実用性

パッケージングはかなり高いレベルにある。デビュー後3年を経た今も、このクラスでは評価できるモデルだ。欧州のユーザーは、新しいクルマをチェックするとき、キャビンやラゲッジルームの広さ、使いやすさを丹念に調べる。そんな厳しいユーザーのいる欧州でカー・オブ・ザ・イヤーに輝いただけのことはある。

斬新なアイデアで、ひとクラス上のキャビンスペースをつくりあげたフィットには及ばないものの、ヴィッツのキャビンの実用性も高い。

マイナーチェンジを機に、リアシートバックが6対4の分割可倒式になるモデルを増やすなど、使いやすさも向上している。ただ、上級モデルではリアシートが前後に15㎜スライドするが、こういった最も基本的な仕掛けは、できれば全グレードに設定してほしかった。

リアシートはシートバックを前へ倒し、さらに座面を持ち上げて前方にたたみ込める、いわゆるダブルフォールディング方式を採用している。これは欧州2ボックスコンパクトカーの定石で、今や珍しくはない。

通常、日本車のモデルチェンジは4年ごとに行われる。予定どおりなら、ヴィッツも2003年のはじめに二世代目に変身する。これだけ広い支持を受けたクルマだけにデザインを変えるのは容易ではないだろうが、そつのないトヨタのことだ。うまく仕上げてくるだろう。とくにリアシートの折りたたみをどう処理してくるか楽しみだ。

ただし、欧州でも「ヤリス」の名前で生産中で、人気もあるため、4年目のモデルチェンジをするかどうか、トヨタとしても難しいところだろう。

ちなみにトヨタは、たとえばカローラのフルモデルチェンジをする場合、日本での新車販売からわずか2、3ヶ月遅れで、世界中のカローラを新車にしてしまう。世界の他のメーカーでは、1年、2年遅れるのが普通だ。驚異的なことながら、これがトヨタの誇る生産技術の実力だ。

走る、曲がる、止まる……脚回りには物足りなさが残る

現在、ヴィッツには1ℓ、1・3ℓ、1・5ℓと、3種類のエンジンが用意されているが、パッケージングの出来のよさを考えると、エンジンはやや見劣りする。ただ、デビュー時には一種類だったダイハツが開発した1ℓエンジンは評価できる。非常に燃費がよく、回転もスムーズだ。

ごく普通に走って、1ℓあたり20km以上も可能で、昔から小さなエンジンをこつこつとつくりつづけてきたダイハツの潜在能力の高さが感じられる。

マイナーチェンジで、1ℓエンジンは燃費向上と、「平成12年基準排出ガス75%低減レベル＝☆☆☆」をクリアするなど、意欲も見える。しかし、1・3ℓエンジン、さらにスポーツタイプのRSに用意された1・5ℓエンジンは、さほど見るべきものがない。どのモデルを選ぶか迷うところだが、市街地で乗ったり、子どもの送り迎え、買い物程度に使うのが主であれば、1ℓエンジンのモデルでいいだろう。夏期にエアコンを常用する地域、高速道路や山坂道を走る機会の多いユーザーや、多少、俊敏な

走りをしたい人なら1・3ℓモデルがいい。

走り自体はあまりほめられない。デビュー当時よりは改善されたが、燃費を稼ぐ目的から、堅く、グリップ力の弱いタイヤを履いていることもあり、ゴツゴツとして乗り味がよくない。せめてタイヤは履きかえたいところだ。それで多少燃費が落ちたとしても、基本的に好燃費のクルマなのだ。さほど気にすることもないだろう。

サスペンションの仕上げも物足りない。リアのがんばりが弱く、コーナーで簡単に腰砕けになる。雨の日など、ステアリングを握るのは気がすすまないクルマだ。とくに、曲がりくねった山岳路を、多少飛ばして走りたいといったようなユーザーには、物足りないだろう。

後席に人が乗ったときと、ドライバー一人のときの重心の変動が大きいのも気になる。小型車になるほど、重心が変動すると走行特性に影響が出やすい。公に計算されたデータによると、クルマ1台の平均の乗員は1・8人とのことで、ヴィッツの開発陣も、二人乗ったときの重量で計算すればいいだろう、この程度のサスペンションでいいと見切ったような雰囲気も感じられる。

コンパクトカーはフルサイズのミニバンやセダンと比べて利幅は少なく、いかにコストを下げて製造するかが使命ではある。しかし、クルマの基本性能に直結する部分は力を抜かずに仕上げてほしいものだ。ヴィッツのデビュー後、プアな乗り味に疑問が出たこともあり、サスペンションをやや強化したモデルや、前後のサスペンションにスタビライザーを装着したRSがあとで追加されたが、やはり最初からベースモデルの脚回りをもう少し煮詰めてほしかった。

何よりも、ヴィッツの欧州仕様モデルのヤリスとヴィッツでは、サスペンションがまったく違うのが気になる。ヤリスの脚のほうがはるかにいい。

トヨタでは、欧州では平均の走行速度が高いため、ヤリスには相応のサスペンションが必要であり、ヴィッツには無用だと主張する。しかし、出来のいいサスペンションで日本の道を走って悪いことはひとつもないし、ヤリスの脚のほうが快適に走ることができる。

日本のユーザーに対して、この程度でいいだろうといわんばかりの姿勢は疑問だし、同じ手法をとりつづけていけば、ユーザーから痛いしっぺ返しをくらう可能性もある。この意味でもライバルは必要で、ホンダのフィットは、むしろトヨタにとってもプラスに作用したように思う。

ヴィッツ ［トヨタ］ デビュー・'99

①エンジン：1000直4DOHC／70ps／9.7kg-m ②ボディ：全長3610×全幅1660×全高1500㎜③ホイールベース：2370㎜④最小回転半径：4.3m ⑤車重：890kg⑥サスペンション：前ストラット／後トーションビーム⑦ブレーキ：前ディスク／後ドラム⑧10.15モード燃費：19.6㎞/ℓ ⑨定員：5名⑩価格：81.5～158.0万円

※諸元は主要モデルのデータ。価格は標準モデルから上級グレードまでの価格帯。デビューは現行モデルを示す（以下同）

欧州仕様「ヤリス」くらいの脚がほしかった

センスよく実用的にまとめられたキャビン

ヴィッツ【トヨタ】 vs. フィット【ホンダ】

フィットの評価
常識破りの発想を形にした「小さな高性能車」

コンセプト……「広いスモールカー」の矛盾を解決する

フィットの企画は、1997年に、東京モーターショーで「ファンタイム」という名前でヴィッツのプロトタイプが展示されていたころから始まっていた。ホンダも、米国の次に欧州市場で売るスモールカーを考えていた。

アコード、シビックの下にくるエントリーカーの開発を命じられた担当者は、世界中を見て、時代のトレンドをつかんでくるようにという命令も受けていた。実際に担当者は世界中を見て回ったという。その結果、スペース効率を第一に考えたクルマ、フィットが企画された。

デビュー後、爆発的に売れつづけ、長い間、販売台数首位の座にあったヴィッツを追い落とし、現在はトヨタの看板娘カローラ、日産マーチなどとトップの地位を競い合っている。ヴィッツの独壇場だったスモールカーの市場を、見事に自分のほうへ引き寄せたわけだが、ベースはそれだけの魅力のあるクルマに仕上がっている。

もともと、ホンダのスモールカーとしては、2ボックスのロゴ、キャパがあったが、どちらも軽自動車のライフにも押されるありさまで、結局は引退に追い込まれた。フィットは、その穴を埋めて余りある支持を得ている。フィットは、ヴィッツに遅れること2年5ヶ月後のデビューで、ヴィッツが増えすぎ、やや見飽きたころに登場したのも、フィットの人気にプラスしたように思う。

フィットの開発陣が最もこだわったのは室内空間を広げることだった。2ボックススモールカーの限られたスペースを、どうすればより効率よく使えるか、広くできるかを考えた。ステップワゴンでもわかるように、今のホンダ車の魅力のひとつは、トヨタ車にもないスペースユーティリティの高さだ。

フィットも徹底して広さを追求した。ここ数年デビューしてきたクルマは、ホンダに限らず、シートのアレンジや収納方法が巧みになり、従来のクルマに比較して格段に使いやすくなった。ホンダとしては、フィットは、さらに上を目指さなければならなかった。

フィットで最後までネックになったのが、リアシートの収納方法で、どうしても邪魔になったのが燃料タンクだった。今、ほとんどのクルマは、燃料タンクを後席の下に配置している。これも、自動車メーカーのエンジニアがあれこれ場所を考えた末にたどりついた結果だった。

後席下に燃料タンクがあると、高速道路の最後尾で停車しているところに後方から居眠り運転のトラックが追突したようなとき、火災になる危険性がある。タンクも燃料が漏れないように改良されているが、万一、つぶれて燃料が流れ出すと、排気管やテールパイプの熱で一気に着火してしまう。

東名高速道路で、酔っぱらい運転のトラックに追突され、セダンの後席に乗っていた幼い姉妹が焼死した悲惨な事故があったが、これが典型的な例だ。しかし、クルマの設計上、リアシート下に燃料タンクを設置するのは収まりがよく、乗用車のほとんどが採用してきた。フィットは、半ば常識化した燃料タンクの位置を見直し、前席下へと移動した。これがフィット成功の最大の理由といっていい。日本では新しいことを実行するのは難しい。先輩や上司のとってきた方法を踏襲するのが最も無難で、逆に革新的なことを行い、失敗すると、キャリアは実質的に絶たれてしまう。

しかし、ホンダの社風は違う。エンジニアのアイデアを積極的に形にし、たとえ失敗しても、それを踏み台にして次のチャンスを狙うこともできる。これがホンダの強さだろう。フィットの開発陣が、燃料タンクを運転席の下へ移動するという斬新なアイデアを採用できたのも、ホンダならではといっていいし、フィットの成功も、この点にあるといっても過言ではない。

優秀なエンジニアの頭は、いくら汲んでも涸《か》れない泉のように、次々とアイデアが出てくるものだ。しかし、そのエンジニアが所属する組織が、ときにアイデアを葬り去ってしまうことがある。この点では、ホンダは、今だに日本で最もエンジニアの知恵を積極的に形にすることを許すメーカーだ。

キャビン……スモールカーながらゆったりの座り心地

今、日本の多くのユーザーは、デザイン優先でクルマを選ぶ。姿形が気に入らなければ、最初に購入候補から外れてしまう。その点、フィットは合格だ。ヴィッツもデビューした当時から、「可愛い」といわれながら売れつづけた。フィットも「可愛げ」

はあるが、ヴィッツよりも性別、年齢を問わず、広い層から支持されている。

たしかにヴィッツと見比べてみると、フィットには熟年ユーザーが乗っても気恥ずかしくない雰囲気がある。

また、スペースユーティリティは、2ボックスコンパクトカーのパッケージングとして、ほぼ理想に近い。ヴィッツも悪くないが、広さ、使い勝手のよさでフィットに分がある。立体駐車場に入庫できる1525㎜の全高に抑えながら、燃料タンクを前席下に移動したことで、荷室部分の容量が非常に広くなり、4〜5人での1、2泊旅行に必要な程度のカバンなら、問題なく収納できる。

スモールカーながら、シートはオデッセイのシートフレームとほぼ同サイズを使ったもので、ゆったりと座ることができる。ハイトアジャスター装置もついていて、大柄なユーザーでもドライビングポジションがとりやすいだろう。欧米人からも不満の声は出ないと思う。

リアシートもゆったりしたもので、大人でも小柄な人なら3人乗り込んでも無理なく座れる。6対4の分割式で、リクライニングも可能。リアシートのシートバックは、わずか3アクションで前へ倒して収納できるが、ヘッドレストを外す必要がないのも便利だ。この状態でラゲッジルームの床は完全にフラットになり、最大で１７２０㎜の奥行きになる。小柄な人なら、脚を伸ばして眠れるだけのスペースがある。

シートバックの片方だけ前へ倒し、３人乗り込んで小型の冷蔵庫を買って持ち帰ったことがあったが、ゆとりがあった。また、リアシートの座面を跳ね上げると、リアシートの足元からルーフまで、最大で１２８０㎜の高さのスペースができる。これだと、ガーデニング好きなユーザーが、郊外の園芸店で背の高い観葉植物を買って持ち帰ることもできる。助手席をフルリクライニングすると、最大で２４００㎜までのものを積むことができるので、サーフボードのような長ものにも対応できる。

走る、曲がる、止まる……機敏な走り味の本格派

走り味は、明らかにヴィッツよりフィットのほうが高得点だ。機敏によく走り、安定感も高い。新開発の無断変速機、ＣＶＴを組み合わせているが、この出来がいい。

一般にＣＶＴは、ドライバーの操作とクルマの動きにタイムラグを感じさせる。加速時には、エンジン回転が先に上がり、あとから速度が上がっていき、減速の場合は、アクセルを離してエンジン回転が下がっても、クルマのほうは、しばらく同じ速度で

走りつづけるようなところがある。フィットでは、一般的なオートマチックと同様に、自然な走行感覚になっていた。

エンジンは、スパークプラグを2本使った1・3ℓで、アイデア自体ははるか昔からあるが、考え方がまったく違う。昔、ツインプラグは飛行機のエンジンに採用されていた。電気系統の故障など、今のような信頼性のあるエンジンが少なく、点火プラグの着火ミスはそのまま墜落ということになる。そこでスパークプラグを2本使ったものが見られた。クルマでは、イタリアのアルファロメオのツインスパークエンジンが有名で、出力アップを目指したものだ。ただ、アルファロメオのエンジンも、着火ミスをなくすのが目的だという意地悪なジャーナリストもいる。

フィットの場合は、完全燃焼を目指した結果のツインスパークプラグエンジンだ。2本の点火プラグの着火タイミングを、あるときは同時に、またあるときはずらしてというように、コンピュータで制御しながら点火している。この結果、エンジンが低速回転のときは従来型エンジンよりもトルクが強く、高回転時には出力アップが図れることとなった。燃費のよさも評判で、誰が乗っても、燃料1ℓあたり17～18㎞は走る。これもツインスパークプラグの新エンジンによるところが大きい。

走らせてみると、低中速重視で、どんなユーザーにも乗りやすい。ただ、あえて指摘すれば、若いユーザーや、日本車しか知らないユーザーには気にならないかもしれないが、全体的に、ややゴッゴツ感がある。もう少し、しなやかな乗り味を出してほしかった。

フィットは、プジョー206を当面の競合相手として考えているそうだが、残念ながら、こと走り味に関していえばまだ及ばない。しかし、乗り味、走り味は、ダンパーとスプリングの見直しでどうにでも調整できる。かなり完成度の高いクルマだけに、あとひとひねりしてくれれば、もう一段、上のレベルのクルマになる。

リアのサスペンションは、基本的にヴィッツと大差はない。ただ、ダンパーとスプリングを別々にし、床下に配置してある。ホンダの説明によると、ロゴに比べて床が220㎜低くなり、ホイールストロークは20％延びたという。スペース的な制約がきびしい小型車を快適に使うため、エンジニアが真剣に考えたあとが見える。

フィットはフロント、リアとも、スタビライザーを装着しているのに対して、ヴィッツはスポーツモデルのRSにだけ用意してある。このあたりは、ホンダらしい走りへのこだわりがかいま見える。逆にいえば、ヴィッツも、最初から欧州で販売中のヤリスの脚を装着したほうが、はるかに走りの評価が高かっただろう。

また、フィットは、厳密にいえば、燃料タンクの前席下への移動が走行特性にもプラスに働いている可能性がある。普通のユーザーにはさほど意味がないことだが、クルマの運動特性を高めるためには、重心をなるべく低く、ボディの中央、前の車軸と後ろの車軸の間にくるようにエンジニアは考える。過去、重いバッテリーを後ろのトランクに積んだクルマがあったほどだ。

典型的なのが、エンジンを中央に搭載したミッドシップカーで、二人乗り込んだとき、前の車軸と後ろの車軸の比が、ほぼ50対50という重量配分に仕上げる。

フィットの場合、燃料タンクが前席下に設置され、満タンにした場合、42ℓ×0・7（ガソリンの比重）で29・4kg、そこに、タンク自体の重さを加えると、30数kgの重りをボディ中央に置くことになる。

従来のように、リアシート下に燃料タンクを設けたときと比較すると、フィットの運動特性のよさに貢献していることが推察できる。軽量なコンパクトカーでは、重量配分の影響は少なくないからだ。

走りにこだわるドライバーのなかには、運動特性を考えて、リアが重くならないように、満タンにしないで走る場合がある。後輪の軸より後ろに40数kgの燃料タンクがあると、コーナーで振り子のようになって、リアを外側へ振り出す力になることがあるからだ。実際にはそこまで気にすることもないが、全高の高いクルマが増えた今、意外に、燃料タンクの重さが走行特性に影響しているかもしれない。

しかし、フィットは、このクラスではもちろん、今の日本車全体のなかでも最も魅力的なクルマだ。繰り返しになるが、もう少しサスペンションをしなやかにまとめてあれば、さらに得点は高かった。あるいは、今後、味付けの違う脚回りのモデルを追加してもいいように思う。

また、フィットは年輩者が乗ってもさほど違和感がなく、そんなユーザーのために、シートを革仕様にするなど、少し豪華な内装のモデルがあってもいい。

クルマがステイタスシンボルだった時代は去り、今、クルマはキャラクターシンボルにしかなり得ない。相応の社会的地位を得て、経済的にも心配のない年輩者が、夫婦二人でフィットに乗って出かけるのも、逆にオシャレに見えるのではないだろうか。おそらく20万円くらい高くなっても、豪華仕様のフィットを購入したい層はいるように思うのだが……。

フィット ［ホンダ］ デビュー・'01

①エンジン：1300直4SOHC／86ps／12.1kg-m ②ボディ：全長3830×全幅1675×全高1525～1550㎜③ホイールベース：2450㎜ ④最小回転半径：4.7m ⑤車重：990～1070kg ⑥サスペンション：前ストラット／後車軸式⑦ブレーキ：前ディスク／後リーディングトレーリング⑧10.15モード燃費：20.0～23.0㎞/ℓ ⑨定員：5名⑩価格：106.5～144.0万円

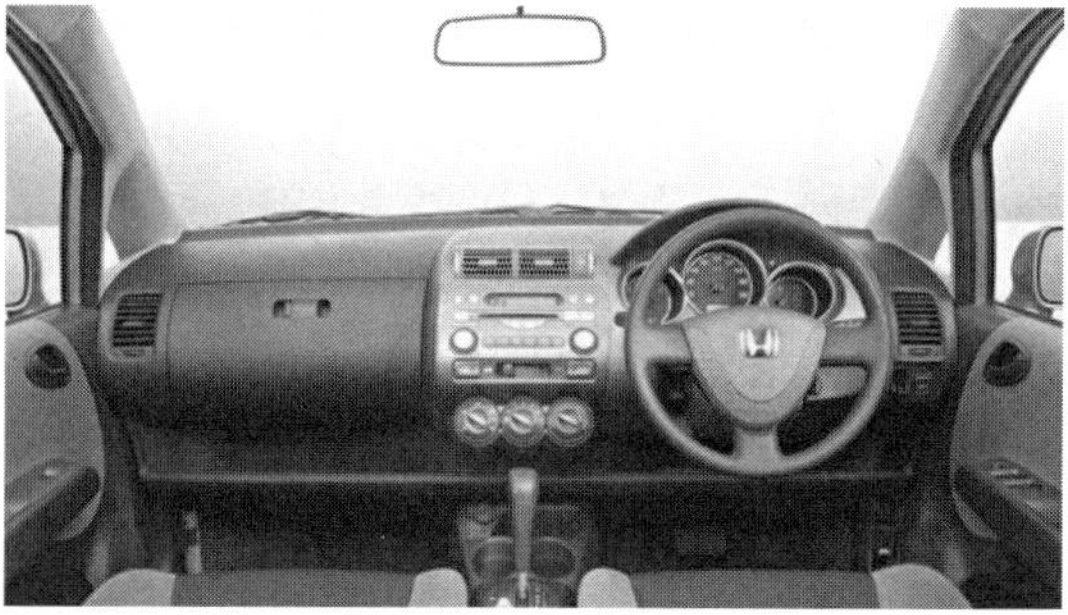

熟年ユーザーにも乗りやすい雰囲気がある

スモールカーとしては理想的な広さ

《ヴィッツ vs. フィット》対抗モデル評価

①マーチ［日産］……出足は快調、二強にどこまで迫れるか

10年間同じモデルをつくりつづけたマーチが、2002年2月に3代目になった。先代といちばん違うのは、ご承知のように、日産がルノー傘下の企業になったことで、近々デビューするルノーのスモールカーと共通のコンポーネンツでまとめられた。

惜しいと思ったのは、ATのセレクターが一般的な従来のクルマと同様、フロアから出ていることだ。そのためシフトノブの一部がパネルを隠している。床を広く使うためにも、パネルからシフトノブを出すようにしたほうがよかったと思う。

ナビに代わるコンパスリングというシステムがオプションで用意されている。携帯電話で行き先を連絡すると、ディスプレイ上に表示してくれる。

サイズの割にホイールベースがあり、無理に扁平タイヤを使うようなこともしていないため、乗り心地はいい。ヴィッツと同時にデビューしていたら、あそこまでヴィッツに独走を許すこともなかっただろう。このクルマが軽自動車と同じ価格で買えるのは割安感がある。いい出来のクルマだ。

マーチ　[日産]　デビュー・'02

①エンジン：1000直4DOHC／68ps／9.8kg-m、1400直4DOHC／98ps／14.0kg-m、1200直4DOHC／90ps／12.3kg-m ②ボディ：全長3695×全幅1660×全高1525㎜③ホイールベース：2430㎜④最小回転半径：4.4m ⑤車重：890〜950kg ⑥サスペンション：前／ストラット、後／トーションビーム⑦ブレーキ：前ディスク／後リーディングトレーリング⑧10.15モード燃費：18.4〜19.2㎞/ℓ ⑨定員：5名⑩価格：95.3〜132.0万円

②カローラ ランクス／アレックス［トヨタ］……コンパクトなカローラ姉妹

世界を相手にしているカローラが、3ボックスセダンだけでは多様な需要に応えきれず、2ボックスモデルを開発した。それがランクス、アレックスの双子の姉妹だ。セダン以外のコンパクトなトヨタ車が欲しいユーザーにはぴったりのモデルだろう。カローラとほぼ共通のインテリアは質感が高く、きれいな仕上げで、あらためてトヨタの力を感じさせられる。走り味はセダンより硬質感がある。外観と同様、カローラセダンよりも若さのある走り味だ。

ヴィッツからファンカーゴやbBなどを派生させたように、ひとつのモデルから別の味付けのクルマを出し、すべてを人気モデルに仕立てるトヨタの商品開発力は見事だ。この双子の姉妹もよく売れている。女性からの人気が強い。

リアシートの座面を跳ね上げ、シートバックを収納することで、広いラゲッジルームができる。買い物に出かけたとき、セダンでは載せられないデカものも積んで持ち帰ることもできる。これが2ボックスの魅力だ。ちなみに、欧州では、この形状のクルマは5ドアハッチバックと呼ばれるのが普通で、庶民の生活に根付いている。

カローラ ランクス　[トヨタ]　デビュー・'01

①エンジン：1500直4DOHC／110ps／14.6kg-m ②ボディ：全長4175×全幅1695×全高1470㎜③ホイールベース：2600㎜ ④最小回転半径：4.9m ⑤車重：1080kg⑥サスペンション：前ストラット／後トーションビーム⑦ブレーキ：前ディスク／後リーディングトレーリング⑧10.15モード燃費：16.6㎞/ℓ ⑨定員：5名⑩価格：139.8～195.8万円

③ファンカーゴ［トヨタ］……競合車と比べるとやや割高

リアシートをたたみ、フロントシートの下に収納すると、ラゲッジの床が完全にフラットになる。大人でも中腰で作業できるほどの室内の高さがあり、テレビCMで強調されているように、かなり背の高いものや長ものを運べる。ラゲッジルームの広さを優先するユーザーなら、フィットとの比較をしてみたほうがいい。

リアシートは、スライドはできないがリクライニング可能だ。三分割になっていて、中央部分はシートバックを前へ倒すとカップホルダーが二ついた簡易テーブルに変身する。また、この中央部分は取り外しもできる。バックドアは横開きで小さなものの出し入れに便利だ。

エンジンは1300ccと1500ccで、街乗り中心のユーザーであれば、1300ccで十分だろう。走り味は、ヴィッツのプラットフォームで仕上げた姉妹車ながら、ヴィッツとはまったく違っている。全高のあるエクステリアから想像されるよりは安定した走りで、高速走行時の直進性も悪くない。競合車よりも、やや割高な価格が気になる。

ファンカーゴ ［トヨタ］ デビュー・'99

①エンジン：1500直4DOHC／110ps／14.6kg-m②ボディ：全長3860×全幅1660×全高1680mm③ホイールベース：2500mm ④最小回転半径：5.1m⑤車重：1050kg⑥サスペンション：前ストラット／後トーションビーム⑦ブレーキ：前ディスク／後ドラム⑧10.15モード燃費：15.0km/ℓ ⑨定員：5名⑩価格：119.5〜167.0万円

④bB［トヨタ］……ホンダS－MXにトドメを刺した若者向け2ボックス

bBのことも、いろいろな媒体に書いたり、発言してきたが、ひと昔前にはとても売れなかった姿形のクルマだろう。ホンダのS－MXとコンセプトの似たクルマで、bBが好調に販売台数を伸ばしているのに対し、S－MXは極端に売れなくなり、結局、生産中止に追い込まれた。S－MXのほうが車格が上だが、それだけ価格も高く、bBにパイを奪われた感がある。

bBの走りは感心しない。日本車に多いゴツゴツした味付けの脚で、もう少し、しなやかなチューニングにしてほしい。

スクエアなクルマだけに、キャビン、ラゲッジは広く、レジャーグッズを積み込んで出かけるような使い方には最適だ。とくに左側のドアが観音開きになり、テールゲートもフルオープンになる「オープンデッキ」は注目だ。bBを購入するなら、オープンデッキのほうがいいように思う。商用で使うにも便利だろう。

カスタムカー的な雰囲気の強いクルマで、若いユーザーがさまざまなオプションを装着して自分好みに仕上げ、楽しんでいるようだ。

ｂＢ　［トヨタ］　デビュー・'00

①エンジン：1500直4DOHC／110ps／14.6kg-m②ボディ：全長3845～3895×全幅1640～1690×全高1640～1670㎜③ホイールベース：2500㎜④最小回転半径：5.5m⑤車重：1020～1085kg ⑥サスペンション：前ストラット／後トーションビーム⑦ブレーキ：前ディスク／後ドラム⑧10.15モード燃費：15.0㎞/ℓ⑨定員：5名⑩価格：129.8～181.8万円

⑤ＹＲＶ［ダイハツ］……よく走る、隠れた名車

このクラスのクルマのなかで、走り屋に向いていると思えるのがＹＲＶだ。トヨタ傘下のダイハツのクルマだが、小さなクルマをつくるのがうまいダイハツの意地が見える。パッケージングも、きりりと締まった感じで悪くない。他人と同じ服を着るのが嫌なユーザーにも、ヴィッツはもちろん、フィットもじきに街にあふれることを考えればＹＲＶは悪くない。

ヴィッツ、フィットの陰に隠れて目立たないが、トータルで高得点を与えられる。トヨタの販売ネットでＯＥＭ生産して販売すれば、かなり売れるだろう。

注目は１・３ℓのターボエンジンモデルだ。ダイハツのターボは、利きはじめるといきなり出力が出るタイプだったが、ＹＲＶのものは低回転からごく自然にパワーが上がってくる。トランスミッションの調整も巧みで、変速ショックが少なく好ましい。タイヤをもう少し走行性能の高いものに履きかえて乗りたいクルマだ。

ほかに１ℓエンジンモデルがあるが、このエンジンはヴィッツのものと違って、とくに見るべきものはない。

ＹＲＶ　［ダイハツ］　デビュー・'00

①エンジン：1000直3DOHC／64ps／9.6kg-m、1300直4DOHC／90ps／12.6kg-m、1300直4DOHCターボ／140ps／18.0kg-m ②ボディ：全長3765×全幅1625×全高1535〜1550㎜ ③ホイールベース：2370㎜④最小回転半径：4.3m ⑤車重：870〜1000kg ⑥サスペンション：前ストラット／後トーションビーム、3リンク⑦ブレーキ：前ディスク／後リーディングトレーリング⑧10.15モード燃費：14.4〜19.4㎞/ℓ ⑨定員：5名⑩価格：101.9〜174.4万円

⑥デミオ［マツダ］……大人が安心して乗れる2ボックスカー

ヴィッツもフィットも、個性的な顔つきで若さがあり、年輩者のなかにはやや抵抗のある人もいるかもしれない。そんなユーザーには、デミオが候補の1台になるだろう。日本での2ボックスコンパクトカーのジャンルを開拓したモデルで、今現在も、月平均で3千台以上をコンスタントに売っている。今年（2002年）夏にはフルモデルチェンジを受ける予定で、好条件でもなければ、今買うのは得策とはいえないが、クルマにこだわりのないユーザーには悪い選択ではない。

ごく当たり前の顔つきで、目立たず、しかし、普通の生活には何ら不満のないクルマだ。特筆できるような部分も性能もないが、立体駐車場に入庫できる全高に設定したことや、リアシートを倒すことでマウンテンバイクを2台積めることなど、実用性を重視したコンセプトは評価できる。しかし、ヴィッツやフィットなどの前に、その優位性は失われている。ニューデミオが、二強の立場を脅かすだけの実力車となってデビューできるかどうか、非常に興味深い。フォードの〝家来〟から脱しはじめたマツダ技術者群の腕前をデミオの新型に見たいものだ。

デミオ　[マツダ]　デビュー・'96

①エンジン：1500直4SOHC／100ps／13.0kg-m、1300直4SOHC／83ps／11.0kg-m ②ボディ：全長3800×全幅1670×全高1500㎜ ③ホイールベース：2390㎜ ④最小回転半径：4.7m ⑤車重：1000〜1020kg ⑥サスペンション：前／後ストラット⑦ブレーキ：前ディスク／後ドラム⑧10.15モード燃費：13.8〜16.0㎞/ℓ ⑨定員：5名⑩価格：92.8〜149.8万円

《その他のコンパクトカー・ワンポイント解説》

●キューヴ［日産］

先代マーチをベースにしたクルマで、価格が安いことと、スクエアなエクステリアが若い男性ユーザーに受けている。しかし、ハイトワゴンへの参入が遅れた日産が急仕立てでまとめたクルマだけに、アラも見える。着座位置が先代マーチと同じ高さで、全高だけ高いため、頭上に無駄な空間が広がっている。その開放感を好むユーザーもいるだろうが、工夫が足りない。マーチが新型車になった今、次期どうなるか不明だ。

●デュエット（ストーリア）［トヨタ（ダイハツ）］

ダイハツのストーリアを、トヨタがデュエットの名前でライセンス生産している。目立たず、普通のコンパクトカーが欲しい人にいいクルマだ。動力性能、キャビンやラゲッジルームの広さなど、どこをとっても一定のレベルを達成している。立体駐車場に楽々入庫できるのも魅力だ。どこへ乗り付けても、その場の雰囲気をこわさないデザインもいい。

●ミラージュ ディンゴ［三菱］

個性的な顔つきが嫌われ、マイナーチェンジで平凡になったものの、販売はふるわない。フィット、さらにマーチなど、魅力的な新顔が増えたこともあり、ますます苦しい状況にある。しかし、乗ってみると、クラスでも一、二の開放感があり、トルクのある直噴エンジンもスムーズで運転しやすい。販売台数が少なく、街中でも同じ顔に会うことが少ないのは魅力かもしれない。

●ラウム［トヨタ］

居住性がよく出来のいい実用車ながら、自己主張が少ないためか、トヨタ車としては印象が薄い。しかし、このクラスでは珍しくリア両サイドのドアがスライドで、とくにチャイルドシートと闘っている主婦には便利だ。テールゲートも横開きで、クルマの後方にスペースのない駐車場でも、少しゲートを開けて小荷物を出し入れできるので意外に重宝する。走行性能はクラス相応のレベルながら、普通の運転をする限り、小旅行でも不満をおぼえるようなこともないだろう。できれば四駆モデルを選び、長く乗り続けたい実用車だ。スモール・ハイブリッドに変身させたいモデルである。

PART 2
ミニバン
「ミニバン王国」ホンダをトヨタは止められるか？

●ミニバン人気はどこから来たのか？

ミニバン人気の土壌は、１９８０年代後半のバブル景気のピークのころにつくられたといっていい。当時、日本中にオートキャンプ場やフィッシングセンターが次々とオープンしたが、バブルがはじけてから、それらのキャンプ場が、安く遊べる絶好の場所になった。それがＲＶ車ブームへとつながったように思う。

ただし、キャンプやフィッシングブームがひと段落し、アウトドアレジャーから遠ざかるユーザーが増えると、泥んこ遊びグルマの不便さが鼻につくようになった。サイズは扱いにくく、エンジン排気量も無駄に大きい。とくに当時のＲＶ車には不出来なディーゼルエンジンを搭載したクルマも多く、排ガスへの風あたりも強くなった。

ワンボックス派生のミニバンや、トヨタのエスティマのように、エンジンを傾けてミッドシップに搭載して運動特性を高めたモデルもあったが、日本でミニバンが支持されるきっかけとなったのは、ホンダのアコードワゴンをベースに開発されたオデッセイがデビューしてからだった。

オデッセイも、決して日本では扱いやすいとはいえなかったが、乗用車的感覚で運転できることや、床がフラットで使いやすいこと、さらに、へたなセダンよりも高い走行性能などから、一般ユーザーにもミニバンが身近なものになっていった。RV車で車内空間の広さ、開放感の魅力、着座位置が高いことによる運転のしやすさなどを味わった日本のユーザーにとって、オデッセイは希望に近いクルマだったこともあるだろう。

実際には、三菱のシャリオ（シャリオグランディスの先代モデル）のように、オデッセイとほぼ同じコンセプトで、オデッセイよりはるか前にデビューしていたクルマがある。しかし、クルマがヒットするかどうかは時代背景に負うところも多く、オデッセイは流れをしっかりつかまえたといえる。

現在、ミニバンはオデッセイが示したワゴン派生タイプのものと、日産のエルグランドのようなボックスタイプに大きく分けられるが、やはり今後もワゴン派生のミニバンが主流になるのは間違いない。

ただし、フィットのようなミニバン風にも使えるコンパクトカーや、ワゴン感覚で乗れるミニバンのストリームのように、ジャンルを超えた、使いやすく乗りやすいクルマが増えていくだろう。

イプサム［トヨタ］ VS. オデッセイ［ホンダ］

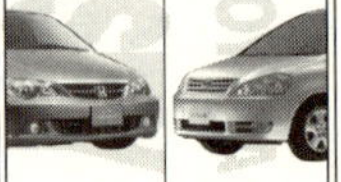

イプサムの評価 サイズアップが裏目に出た？

コンセプト……「打倒オデッセイ」の役割を期待される

トヨタがホンダを強く意識しはじめたのは、ホンダがオデッセイを市場に投入したのがきっかけだったのではないだろうか。トヨタは、クルマとしての商品づくりはうまいが、新しいジャンルを開拓するようなクルマは少なかった。

今でこそ、プリウスに見られるように、ハイブリッドのトップを切って走る姿勢が見えるが、従来は待ちの姿勢だった。どこか他のメーカーの出方をじっと待っていて、プラスαの魅力を付加した競合車をデビューさせるのがトヨタ流だったといっていい。

とくにミニバンに関しては、オデッセイ、ステップワゴン、ストリームと、それぞれのジャンルで完全にホンダの後追いになっている。イプサムも、ホンダのオデッセイにぶつける形で開発したクルマだ。オデッセイのデビュー以前に、トヨタには、すでに１９９０年に発売したエスティマがあったが、乗用車ベースのＦＦで成立させたのはオデッセイが最初で、それを追ったのがイプサムということになる。

初代イプサムは５ナンバーサイズの運転しやすいサイズのミニバンで、カローラを抜いて販売台数トップの地位を占めたこともあった。オデッセイは爆発的に売れたものの３ナンバーで、スペース的な制約で購入できないユーザーも少なくなかった。そんな層を、トヨタは商品づくりのうまさを形にしたイプサムで取り込んだといっていい。乗り心地もよく、出来のいいクルマだった。

しかし、その後、次々とミニバンがデビューし、相対的に商品力が落ち、２００１年に現行モデルが登場した。ホイールベースを90㎜、全幅を65㎜、全長を１２０㎜延ばして３ナンバーサイズとし、完全にオデッセイと競合するクルマとなった。

キャビン……車格は上がったものの、やや扱いにくい？

今回のモデルから輸出を開始するとのことで、これがサイズアップのいちばんの理由だ。質感も高くなり、トヨタならではの仕上げを見せている。全体的に、そつのない丁寧なつくりで、海外でも評価されるに違いない。

初代のイプサムでは、3列目シートの居住性を不満に思うユーザーが少なくなかったが、現行モデルでは大人二人が普通に座ることができるスペースが確保され、5対5で分割してリクライニングもできる。ロングドライブでも不満は出ないだろう。

2列目シートは6対4の分割で、どちらかを倒せば3列目への乗り降りができるようになった。定員いっぱいで乗っても、ラゲッジルームはかなりスペースがあり、キャビンの通路に置く荷物も少なくて済む。

オートマチックはパネルシフトで、ガングリップ方式で扱いやすい。運転席とパッセンジャーシート間のウォークスルーも容易だ。

5ナンバーから3ナンバーへとサイズが広がったのにともない、全体として車格が上がった感はある。しかし、ここまでサイズアップしなくてもよかったようにも思う。セダンから乗り換えても違和感のない運転ができた初代と比べて、現行車はやや扱いにくくなってしまった。初代で、Aピラーがもう少し立っていたほうがいいと指摘したが、さらにAピラーは後傾し、フロントウインドウの下端がドライバーから遠くなって、見切りもよくない。

１７６０㎜の車幅は、同じトヨタのミニバン、エスティマの１７９０㎜よりわずか30㎜しか小さくない。ここまで広がると、買い換えたくても駐車場に入らず諦めたというユーザーもいるのではないか。１７１０㎜程度までなら、初代イプサムのオーナーもすんなり移行できたように思う。価格的にも、上級モデルは２８０万円以上で、エスティマと競合する。

初代イプサムのサイズが気に入っていたユーザーが、同じトヨタのミニバンから、5ナンバーサイズの車幅のものを探すとガイアしかない。次期ガイアがどういったサイズになるか不明だが、少なくともトヨタのミニバンのうち、日本で使いやすいモデルが一車種減ったのはたしかだ。

走る、曲がる、止まる……ソツなく特徴もない走り？

エンジンは２４００㏄の直4のみで、出力は１６０馬力と十分だ。サスペンションは硬めの仕上げで、オデッセイを意識したあとが見える。電子制御サスペンション（ＴＥＭＳ）も用意されている。車格が上がっただけゆとりのある走りはするが、さほど目立った特徴はない。

イプサム　［トヨタ］　デビュー・'01

①エンジン：2400直4DOHC／160ps／22.5kg-m②ボディ：全長4650×全幅1760×全高1660㎜③ホイールベース：2825㎜　④最小回転半径：5.5m⑤車重：1490〜1580kg⑥サスペンション：前ストラット／後トーションビーム⑦ブレーキ：前／ディスク／後リーディングトレーリング⑧10.15モード燃費：12.0㎞/ℓ⑨定員：7名⑩価格：204.0〜283.0万円

質感が高くなり、トヨタならではの仕上げ

3列目も普通に座れるスペースが確保された

イプサム【トヨタ】 VS. オデッセイ【ホンダ】

オデッセイの評価
ミニバンブームの火つけ役、その実力は？

コンセプト……セダンにひけをとらない運動性能のミニバン

前述したように、日本のミニバン市場はオデッセイが開拓したといっていい。オデッセイがデビューするまで、日本のミニバンは、トラック、ワンボックス派生のものばかりで、走りはとてもほめられたものではなかった。

唯一、エスティマだけは、ミッドシップエンジンを採用していたことで重量バランスがよく、ミニバンとしては安定感のある走りだった。それでも、走り味はまだ物足りなかった。

そんななかにデビューしてきたオデッセイは、アコードワゴンのプラットフォームで仕上げたワゴン派生のミニバンで、セダンにひけをとらない運動性能があり、爆発的に売れた。

トラック派生のミニバンと比較すると、差はまったく歴然としていたのだ。現行モデルは2世代目で、エクステリアはさほど変わった印象がないものの、中身の進化は見事なほどで、別のクルマになったと表現したほうがいいと思えるほど熟成された。

キャビン……特に不満はないが、ややそっけないつくり

3列目シートは、大人が座ると、足元のスペースはさほどない。しかし、大柄な人でなければ、ロングドライブも苦にならないだろう。

室内の雰囲気など、エンターテインメント性を比較すればイプサムに後れをとるものの、だからといって不満は出ないはずだ。

ただ、ユーザーに媚びることはないが、オデッセイにもう少しユーザーを楽しませる工夫はあっていい。

走りは、ひとたびステアリングを握れば他のミニバンには関心が向かなくなるほど飛び抜けていて、ドライバーにはベストのミニバンといっていい。ここに、他の乗員

が楽しめる要素が加われば、より一段、評価が上がる。

走る、曲がる、止まる……ややゴツゴツするも、さすがの走り

少しクルマに詳しいユーザーなら、クルマにとって最も重要なのはボディ剛性だという知識を持っているはずだ。

剛性が低いクルマがどういうことになるかは、コンニャクをイメージしてもらえばわかりやすい。極端な場合、コーナーの連続する山坂道などでは、ボディが常にゆれ、走りが不安定になる。

初代オデッセイも剛性がとくに低いということはなかったのだが、現行の2世代目ははるかに剛性が高くなった。

同時にサスペンションも熟成されたため、コーナーでも、よりしっかりした走りになった。

これらの点では、まだイプサムよりアドバンテージがある。とくに、若いころに速いクルマにあこがれていた人、走り屋を自任していたようなユーザーは、迷わずオデッセイを選択するだろう。

ただ、走りでは、トヨタのエスティマ ハイブリッドもかなりいい。運動特性、走行能力にこだわるユーザーは、きちんと乗り比べてみるべきだ。

相対的にオデッセイの乗り味は堅い感じがあり、乗員、とくに年輩者や子どもたちは、ソフトなエスティマに軍配を上げるかもしれない。

エンジンは直4の2・3ℓとV6の3ℓで、直4も悪くないが、スムーズで巧みなチューニングのV6エンジンにいい印象を持った。やはり、スポーティーなエンジンをつくるホンダの技術は見るべきものがある。

サイズは扱いやすいとはいえないものの、セダンから乗り換えても、さほど慣れるのに時間もかからないだろう。実際、運転が苦手だといっているような主婦でも気軽に乗っている。

オデッセイ ［ホンダ］ デビュー・'99

①エンジン：3000V6SOHC／210ps／27.5kg-m、2300直4SOHC／150ps／21.0kg-m ②ボディ：全長4770〜4835×全幅1795〜1800×全高1630〜1655㎜③ホイールベース：2830㎜ ④最小回転半径：5.7m ⑤車重：1620〜1690kg⑥サスペンション：前／後ダブルウィッシュボーン⑦ブレーキ：前／後ディスク⑧10.15モード燃費：9.0〜11.0km/ℓ ⑨定員：6／7名⑩価格：212.5〜341.5万円

エンターテインメント性では後れをとるか

ラグレイト（米国版オデッセイの逆輸入モデル）

《イプサム vs. オデッセイ》対抗モデル評価

①エスティマ［トヨタ］……ミニバン界の「幕の内弁当」

サイズアップしたイプサムを見ると、エスティマとさほど変わらない。それならいっそのこと、エスティマを選ぶという手もある。

エスティマの魅力はどこにあるか？　ひと言でいうなら、トヨタらしい雰囲気づくりのうまさにある。ユーザーに喜んでもらうには、どんな工夫、デザインをすればいいか、トヨタはよく知っている。

今、日本で、クルマに走りのよさを求めるユーザーは少ない。正確にいえば、日本車のレベルが上がり、どのクルマも、ほとんどのユーザーに不満を与えない走りをするようになった。

こういった状況で強いのは、やはり仕上げのうまいトヨタ車ということになる。エスティマは、まさにその部類に入っている。エクステリアはやや未来的で、子どもたちが見ても夢を感じるデザインだ。ミニバン購入を決めて家族と相談すれば、おそらくエスティマに票が集まるだろう。試乗しても、子どもや主婦からの人気は他車よりも高いはずだ。

インテリアも丁寧な仕上げで、細かなところが気になるユーザーにも文句をいわせないだけの工夫、配慮がなされている。たとえるなら、エスティマは幕の内弁当のようなものだ。少しずつでいいから、いろんなものを食べてみたいという希望をかなえてくれる。

落ち着いた乗り心地で、乗せてもらうならオデッセイよりポイントが高いかもしれない。どのシートに座ってもリラックスできる。気になるサードシートの居住性も何ら問題なく、大人二人が乗り込んでもロングドライブが可能だ。

走りはミニバンの標準といっていい。慣れてしまえば問題はないが、長いことセダンを運転してきたユーザーや、さほど運転が好きではない人は、オデッセイに比べると違和感を感じるかもしれない。

走り味は、同じエスティマでもハイブリッドモデルのほうがいい。四輪駆動であるが、前輪はエンジンとモーター、後輪はモーターだけで駆動している。

驚いたのは、車輪のコントロール方法で、走行中は、四輪のうち最も遅く回転する車輪に合わせて他の車輪を見事にコントロールする。テストコースで、クルマにはかなり厳しい走り方、コーナリングなどを試してみたが、スピンすることは一切なかった。通常エンジンのエスティマよりも安定感があり、オデッセイに迫る走りを見せてくれた。

また、ハイブリッドモデルの魅力は静粛性が高いことだ。重量のあるミニバンは、普通、スタート時にエンジン回転数をかなり上げなければ思うような加速ができない。とくに、頻繁にストップ&ゴーのある市街地では音が気になるものだ。この点、ハイブリッド版は、始動時はトルクの強いモーターだけで、まったく音がしない。

時速40km前後に速度が上がってからエンジンが始動するが、つながりは非常にスムーズで、いつエンジンに火が入ったのかわからない。シフトアップ時のショックもなく、同乗者にはこれほど快適なクルマもないだろう。

燃費は予想していたほどではなかったものの、1ℓあたり10km以下になることはなかった。通常エンジンの場合は1ℓあたり5～7km程度が普通で、それに比べるとかなりいい燃費だ。

ハイブリッドモデルは、通常エンジンの最上級モデルより30万～40万円高いが、この出費が可能ならお勧めできる。

エスティマ　［トヨタ］　デビュー・'00

①エンジン：3000V6DOHC／220ps／31.0kg-m②ボディ：全長4750×全幅1790×全高1770㎜③ホイールベース：2900㎜ ④最小回転半径：5.6m ⑤車重：1730kg⑥サスペンション：前ストラット／後トーションビーム⑦ブレーキ：前／後ディスク⑧10.15モード燃費：9.4㎞/ℓ ⑨定員：7名⑩価格：229.5～337.5万円

②ＭＰＶ［マツダ］……〝お買い得感〟が高いミニバン

価格の割に押し出しの堂々としたミニバンで、まとまりのいいパッケージングだ。エンジンはマツダ製直4の2000ccと、フォード製のV6、2500ccが用意されている。

2ℓエンジンは軽快で悪くないが、MPVの大柄なボディを走らせるには、ややパワーが物足りない。市街地を流れに乗って走る分にはさほど不満も出ないかもしれないが、定員いっぱいで乗り込み、レジャーグッズを満載して山坂道を走るようなときは、いかんせん力不足を感じる。

かといって、V6エンジンは感心しない。設計が古く、瞬発力に欠けたエンジンで、トロトロと眠い印象がある。MPVの魅力を最も阻害しているのがエンジンで、以前からマツダ製の3ℓエンジンを搭載するようにアドバイスしてきたが、近々、新設計のエンジンが搭載される予定になっている。MPVを購入候補にしているユーザーも、今は買い急がず、新しいエンジンのMPVを待ったほうが賢明だ。おそらく、待ったかいのあるクルマになっているはずだ。

MPV　[マツダ]　デビュー・'99

①エンジン：2500Ｖ6DOHC／170ps／21.1kg-m、2500直4DOHC／135ps／18.0kg-m ②ボディ：全長4750×全幅1830×全高1745㎜ ③ホイールベース：2840㎜ ④最小回転半径：5.7m ⑤車重：1610～1720kg⑥サスペンション：前ストラット／後トーションビーム⑦ブレーキ：前ディスク／後ドラム⑧10.15モード燃費：8.3～9.6㎞/ℓ ⑨定員：7名⑩価格：209.8～311.1万円

③トラヴィック【富士重工】……ドイツ生まれの高性能ミニバンが割安に

オペルのザフィーラを富士重工でOEM生産したクルマで、かなり買い得感がある。富士重工は昔からミニバンの開発を考え、フォレスターのコンポーネンツで仕上げようと計画していた。

そんなところに、富士重工に資本を投入しているGMの提案があった。それが、同じGMグループのオペルのザフィーラをOEM生産することだった。

結果的にはうまい選択で、富士重工もミニバン開発のための勉強になっただろう。ユーザーにとっても、日本のミニバンとは違った雰囲気のクルマを割安で買えるのはうれしいはずだ。エンジンは、ザフィーラが1800ccなのに対し、トラヴィックは2200ccとなり、しかも同程度の装備で60万円近く安い。

サスペンションもセッティングを変え、とくに16インチのロープロファイルタイヤを装着したSパッケージは硬めの脚に仕上げている。ドイツ生まれのクルマらしく、シートの出来がいい。標準モデルの200万円を切る価格は魅力的だ。ただし、スバル自慢の4WDはない。

トラヴィック ［富士重工］ デビュー・'01

①エンジン：2200直4DOHC／147ps／20.7kg-m ②ボディ：全長4315×全幅1740×全高1630〜1675㎜③ホイールベース：2695㎜ ④最小回転半径：5.3〜5.5m ⑤車重：1460〜1480kg ⑥サスペンション：前ストラット／後トーションビーム、トレーリングアーム⑦ブレーキ：前／後ディスク⑧10.15モード燃費：10.0㎞/ℓ ⑨定員：7名⑩価格：199.0〜234.0万円

ノア/ヴォクシー【トヨタ】 VS. ステップワゴン【ホンダ】

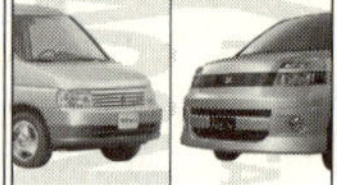

ノア/ヴォクシーの評価
トヨタがステップワゴンをつくるとこうなった

コンセプト……トヨタ流ハコ型ミニバン

少しクルマに詳しいユーザーなら、スクエアなボディを見ればホンダのステップワゴンを意識して開発したということがわかるだろう。とはいえ、どこを見てもトヨタのクルマらしい、そつのない仕上げだ。先代はＦＲで商用車も併売していたが、現行モデルからＦＦの乗用車のコンポーネンツでまとめ、商用車を廃して乗用車専用モデルとした。

今、ボックスタイプのミニバンをデビューさせることには、やや疑問がないわけではないが、トヨタとしては残しておきたかったようだ。たしかにスクエアなボディはスペース効率が高く、とくにアウトドア派のユーザーには根強い人気がある。実際好調に売れている。ノアはファミリー、ヴォクシーは若いユーザー向けにつくり分けたというが、実際は、「ウチでも売りたい」という販売店のための姉妹車だ。

キャビン……大人6、7人でも安心の広さ

全体のサイズは先代とさほど違わないものの、FF化でキャビンのゆとりが広がった。先代ノアより室内は65㎜長くなり、2列目、3列目とも頭上も足元もゆとりがある。大人6、7人が楽にロングドライブできる。

定員いっぱいで乗ったときのラゲッジルームはクラス相応の広さながら、フロアの下にゴルフバッグがひとつは入るボックスが設けられており、満席のミニバンは荷室が狭いという不満を解消するための工夫が見える。

リアのドアを両サイドともスライドドアとしている。片側スライド・ドアに比べボディ剛性保持の点では不利だが、利便性ははるかに高く、同様のモデルが今後も増えるだろう。スライドドアのガラスも上下させることができて開放感たっぷりだ。ガラスを開けた状態ではドアが開かないため、小さな子も安心して乗せることができる。

後発モデルだけに、他車が採用しているようなシートアレンジはほとんど取り入れ

ている。2列目と3列目の対座モードなども珍しくはないが、子どもには喜ばれるだろう。3列目シートは両サイドに跳ね上げる古典的な方法で割り切っている。

シフトレバーはエスティマ、イプサムにも採用されているガングリップタイプのもので、左右ウォークスルーの邪魔にならず操作しやすい。

走る、曲がる、止まる……燃費、四駆の性能ともまあまあ

エンジンは、現行ガイアのものと同じ2000ccの直噴ガソリンエンジンのみで、燃費は悪くない。トランスミッションは4速ATを組み合わせている。

先代で用意されていたディーゼルエンジンは消えた。ディーゼルエンジンのトルクの強さは魅力だが、現在の日本でディーゼルエンジンが復活するのは至難の業《わざ》だろう。

サスペンションは、3段階に減衰できるダンパー（TEMS）が用意されている。

駆動方式はFFと四駆で、四駆はアクティブ・トルクコントロール方式を採用している。電子制御カップリングをリアデフの前につけ、リアの駆動力をゼロから直結まで連続的に変える。コンピュータで車速、前後左右のG、ステアリングの状態などを分析し、トルク配分を決める。

ヴォクシー　［トヨタ］　デビュー・'01

①エンジン：2000直4DOHC／152ps／20.4kg-m ②ボディ：全長4560～4625×全幅1695×全高1850～1875㎜③ホイールベース：2825㎜④最小回転半径：5.5m ⑤車重：1480～1580kg ⑥サスペンション：前ストラット／後トーションビーム⑦ブレーキ：前ディスク／後リーディングトレーリング⑧10.15モード燃費：12.6～14.2㎞/ℓ ⑨定員：8名⑩価格：189.0～259.0万円

ノア/ヴォクシー【トヨタ】 VS. ステップワゴン【ホンダ】

ステップワゴンの評価
5ナンバー枠最大の広さ、大家族に最適

コンセプト……5ナンバーでも広いミニバン

初代ステップワゴンのプロトタイプを見て、いちばん驚いたのは当時のホンダの総帥・川本社長だったかもしれない。運動・動力性能重視の速いクルマをつくるのが使命というような雰囲気のあるホンダとしては、ダンボールを積み重ねたようなステップワゴンは、とてもホンダがつくるクルマとは思えなかっただろう。

しかし、デビュー以来、爆発的に売れ、ホンダの屋台骨をしっかりと支えた。ホンダのミニバンというとオデッセイが真っ先に思い浮かぶが、実際にはステップワゴンのほうが売れた時期が多い。2001年のデータを見ても、ステップワゴンは月に1万台弱、オデッセイは6千台弱と差がある。

ステップワゴンの人気の秘密は、やはり他車にはないキャビンの広さだろう。初代でも、子どもが自分の部屋よりもステップワゴンの車内が気に入って、友だちを呼んで、中で毎日遊んでいたというような話も漏れ聞こえてきた。

キャビン……ファミリーで楽しめる工夫がある

2世代目の現行車は、全長が延びたことに加え、さらにパッケージングが巧みになり、開放感がさらにアップした。先代はルーフに向けて台形に広がるようなエクステリアで不安定感な印象も受けたが、現行モデルはデザイン的にもまとまりがいい。おそらく5ナンバー枠の車幅のクルマでは、ステップワゴン以上のキャビンスペースをつくるのは至難と思えるほどだ。

着座位置が高いため視界がよく、運転しやすいクルマだ。リアドアは左側のみのスライドドアだ。最近、リアの両側にスライドドアを設けるミニバンが目立ってきたが、ホンダは採用していない。その代わりというべきか、ステップワゴンには、リモコン、あるいはステアリング右にあるボタンでスライドドアの開閉ができる。母親が子どもの送り迎えをするようなとき、あるいは雨の日の乗り降りなどに便利な仕掛けだ。

シートアレンジもよく考えられている。実際にユーザーがどの程度アレンジを有効を使うかどうかはわからないが、1列目シートが対面座席になるなど、ファミリーで楽しむための工夫がある。3列目シートの収納は左右に跳ね上げる従来からの方法だ。

インパネから出ているシフトノブは丸みを帯びた握りやすいもので、邪魔にならず運転席と助手席間のサイドウォークスルーも容易だ。3列目シートは、ゆったりというわけにはいかないが、大人二人がなんとか座れるだけの広さがある。

走る、曲がる、止まる……見た目からは想像できない軽快な走り

エンジンはストリームに搭載している4気筒DOHCエンジンで、可変バルブタイミングリフト機構（iVTEC）を採用している。トルク重視型のエンジンで、外観からは想像できないほど軽快な走りだ。ミニバンであっても、走りのホンダの一員であることを主張している。

全長が延びたにもかかわらず、最小回転半径が先代の5・6mから5・3mへと小さくなっているのは評価したい。一家にこのクルマが1台という状況では、主婦が自宅周辺の狭い道を走る機会も多くなりがちで、小回りがきくのはうれしいはずだ。

ステップワゴン　[ホンダ]　デビュー・'01

①エンジン：2000直4DOHC／160ps／19.5kg-m②ボディ：全長4670×全幅1695×全高1845mm③ホイールベース：2805mm ④最小回転半径：5.3m⑤車重：1490～1510kg⑥サスペンション：前ストラット／後ダブルウィッシュボーン⑦ブレーキ：前／後ディスク⑧10.15モード燃費：13.2km/ℓ ⑨定員：8名⑩価格：185.8～254.8万円

《ノア／ヴォクシーvs.ステップワゴン》対抗モデル評価

①セレナ［日産］……「エルグランドは大きすぎる」という日産ファンに

日産のミニバンとしては、最上級モデルにエルグランドがある。豪華なことでは最右翼で、乗せてもらうなら最も魅力的なミニバンだ。しかし、サイズは小型バスを連想させるほどで、セカンドカーがあるならエルグランドを購入しても悪くないが、1台ですべてを済ませるにはつらい場面も出てくる。運転の苦手な主婦にとっては手に余るクルマだ。

その点、同じ日産のミニバンでも、セレナなら何とか扱える。エルグランドより小さいといっても、ボックスタイプでキャビンのゆとりもたっぷりある。実は、セレナにはじめて試乗したとき、1820㎜の全高がもう少し低ければ、購入してしばらく乗ってみたいと思った。とくにディーゼルエンジンは、振動、音が少なく、黒煙も出ず、トルクがたっぷり出てくる、まずまず出来のいいエンジンだった。ふり返ると、やはりデビューが遅すぎた、遅れてきたミニバンだったように思う。

それでも、現行モデルは悪いクルマではない。テレビCMにあるように、子どもたちを乗せて「外遊び」に出かけるような使い方をするにはいいクルマだ。リアの両サイドにスライドドアを用意し、利便性を高めたのも評価できる。

ぜひ改善してほしいのが、無断変速機、ＣＶＴのフィーリングだ。ミニバンにＣＶＴを組み合わせたことは評価できるが、発進時にアクセルを踏み込んでも、エンジン回転だけが上がり、車速がなかなか上がらない。アクセルを戻しはじめたころに、逆に速度が出てくる。

ドライバーの操作とクルマの動きにタイムラグがあるように感じられるのは好ましくない。コンピュータの力を借りれば、改良はさほど難しくないようにも思える。

しかし、ドライバーの運転技量にかかわらず、安定した走りと燃費が期待できるのがＣＶＴのいいところで、今後、世界中の自動車メーカーで研究が進むだろう。

海外のメーカーでは、環境対策や省資源のために、エンジンは必要かつ十分な範囲の回転数にとどめ、できるだけ高回転にせず、ＡＴのギアを5速、6速と増やしたり、ＣＶＴと組み合わせ、トルクの強い回転域を使う研究がなされている。ルノー傘下に入ったとはいえ、日産ならではの技術を、ゴーン氏ではなく消費者にしっかりと見せてほしいものだ。

セレナ　[日産]　デビュー・'99

①エンジン：2000直4DOHC／147ps／20.2kg-m②ボディ：全長4590×全幅1695×全高1825㎜③ホイールベース：2695㎜ ④最小回転半径：5.5m⑤車重：1610〜1670kg⑥サスペンション：前ストラット／後マルチリンク⑦ブレーキ：前ディスク／後リーディングトレーリング⑧10.15モード燃費：12.0㎞/ℓ⑨定員：7／8名⑩価格：199.0〜258.0万円

CVT のフィーリング以外は大きな問題もない

キャビンのゆとりは十分

カローラ スパシオ［トヨタ］VS. ストリーム［ホンダ］

カローラ スパシオの評価 先代モデルの反省から やや改善された

コンセプト……カローラから生まれた手軽なミニバン

カローラスパシオはトヨタはじめての乗用車派生のミニバンで、初代は先代のカローラをベースにつくられた。

2座席と3座席のモデルがあり、3座席のモデルのほうは2列目シートが子ども専用になっていた。小さな子どもを2列目シートに乗せるのは安全面から見ても面白いアイデアだった。

しかし、2列目シートの使い心地が悪かったのだろう。売れたのは2座席のモデルで、ややアイデア倒れに終わった。

現行モデルは3座席モデルだけになり、3列目シートは収納式のエマージェンシーシートになった。

　普通、クルマに乗るときは一人、二人で乗ることが多く、3列目を使うユーザーは少ない。それなら、通常たたんでおいて、必要なときだけ引き出して使うというのも理にかなっている。

　3列目シートを出せば、最大7人まで乗車できる。たとえば、街中に出かけて、偶然知り合いに会ったようなとき、乗せてくることもできる。

キャビン……「背を高くしたカローラ」の雰囲気

　カローラのプラットフォームで成立させただけに、車内は基本的にカローラと同じだと考えていい。

　とはいえ、全高がカローラより150㎜高いため、頭上にはずいぶんゆとりがあるように感じるだろう。

　ただし、それとひきかえに、カローラが入庫できる立体駐車場には入れないということが起こる。

　セカンドシートは3分割され、左右と中央がそれぞれ独立してリクライニング可能で使いやすい。

中央のシートバックを前へ倒すとカップホルダーつきの簡易テーブルになる。また、アームレストとしても使える。

走る、曲がる、止まる……走り味はまさにカローラの兄弟

もともと走行性能が悪くないカローラと同じプラットフォームを持つだけに、運動特性、走行性能はカローラとほぼ同じで、背が高い割には悪くない走り味を見せてくれる。パワーステアリングのフィーリングもいい。

このクルマの性格から見て、女性ユーザーも多いだろうが、快適に運転できるだろう。

子どもの送り迎えから毎日の買い物、休日のドライブまで、この1台で何ら不便がないはずだ。

カローラ スパシオ　[トヨタ]　デビュー・'01

①エンジン：1800直4DOHC／136ps／17.4kg-m ②ボディ：全長4240×全幅1695×全高1610㎜③ホイールベース：2600㎜ ④最小回転半径：5.1m ⑤車重：1210kg⑥サスペンション：前ストラット／後トーションビーム⑦ブレーキ：前ディスク／後リーディングトレーリング⑧10.15モード燃費：14.6㎞/ℓ ⑨定員：7名⑩価格：149.7〜207.7万円

カローラスパシオ［トヨタ］ VS. ストリーム［ホンダ］

ストリームの評価
走り味と小回りのよさならミニバン中ナンバーワン

コンセプト……扱いやすい「小型のオデッセイ」

ミニバンの走りを変えたオデッセイが評判になるにつれて、同じような走行性能、動力性能を持ちながら、扱いやすい小型のオデッセイのようなクルマが欲しいというユーザーが増えつつあった。

オデッセイの走りは欲しいが、家族は少人数で、フルサイズに近いオデッセイのスペースの必要性はない、あるいは、駐車場が狭くて無理……、こんな声に応えてホンダが投入したのがストリームだ。

使い慣れたシビックのプラットフォームで成立させたモデルで、手頃なサイズと価格の割安感もあり、順調に売れている。

キャビン……低床で、サイズの割には広く感じられる

近年のホンダのクルマに共通しているのは、フロアが平らで低いことだ。他メーカーのクルマのなかには、将来的にバッテリーを床下に積み、ハイブリッド化に対応できるように床を二重にしているものが少なくない。この場合、フラットフロアではあるが床が高く、重心も上がってしまう。

ストリームは、低床で平らなシビックのプラットフォームで仕上げたため、見るからに安定感がある。

全高は1590㎜で、立体駐車場に文句なく入庫できる1550㎜よりわずかに高いものの、この種のクルマとしては低く抑えられている。

にもかかわらず、床が低いため車内の床からルーフまでの長さ、室内高は十分にあり、開放感がある。

3列目シートは狭く見えるが、子どもなら何ら問題なく座っていられるスペースがあり、大人でも、短時間ならさほど窮屈感はないだろう。

また、前へ押し出して折りたたむと、かなりゆとりのあるラゲッジスペースをつく

ることもできる。

走る、曲がる、止まる……よく走るだけに3列目は使いにくい

ストリームのいちばんのウリは、やはり走行性能、運動性能の高さだ。鈍重になりがちなミニバンのなかでというより、セダンを含めて比較してもかなり上位に位置する。

それだけに、3列目シートにも人を乗せたときの走りは注意したい。山坂道を俊敏に走ると、クルマ酔いさせてしまいかねない。

このクラスのミニバンは、通常は3列目シートをたたんだ状態で使うのが理想だろう。

ストリーム　［ホンダ］　デビュー・'00

①エンジン：2000直4DOHC／158ps／19.4kg-m、1700直4SOHC／130ps／15.8kg-m ②ボディ：全長4550×全幅1695×全高1590～1605㎜③ホイールベース：2720㎜ ④最小回転半径：5.3～5.5m ⑤車重：1420～1470kg⑥サスペンション：前ストラット／後ダブルウィッシュボーン⑦ブレーキ：前ディスク／後リーディングトレーリング、ディスク⑧10.15モード燃費：13.0～14.2㎞/ℓ ⑨定員：7名 ⑩価格：158.8～227.8万円

《カローラスパシオ vs. ストリーム》対抗モデル評価

①ディオン［三菱］……割安感が何よりの魅力

サイズはストリームとほぼ同じで、価格の安さが何よりも魅力だ。かといって安っぽさはなく、使いやすい。走りには落ち着きがあり、周囲の景色を楽しみながら、ゆったり走らせたいユーザーには向いている。ミニバンがはじめてのユーザーでも、乗用車感覚ですんなり運転できる。

2列目シートが左右独立してスライドできるのは便利で、片方にチャイルドシートを装着していても、さほど苦労なく3列目への出入りが可能だ。雨の日の乗り降りでも便利だ。

3列目シートは同クラスでは広いほうで、中距離までのドライブなら、大人二人でもさほど不満が出ないだけのスペースがある。エンジンは2ℓの直噴ガソリンエンジンＧＤＩで、以前のような優位性はないものの、おとなしく走る分には燃費は悪くない。

ディオン　[三菱]　デビュー・'00

①エンジン：2000直4DOHC／135ps／18.7kg-m②ボディ：全長4460×全幅1695×全高1650㎜③ホイールベース：2705㎜④最小回転半径：5.2m⑤車重：1380〜1420kg⑥サスペンション：前ストラット／後マルチリンク⑦ブレーキ：前ディスク／後リーディングトレーリング⑧10.15モード燃費：13.0㎞/ℓ⑨定員：7名⑩価格：159.8〜237.8万円

②プレマシー［マツダ］……「他人と同じはイヤ」なあなたにお勧め

マツダ車のなかでいちばん売れているMPVに隠れているが、プレマシーも出来のいいモデルだ。ファミリアのプラットフォームで仕上げたモデルで、パッケージングのうまさで3列目シートを成立させた。2座席、5人乗りのモデルもある。扱いやすいサイズで、走行性能もいい。ストリームほどではないが機敏でよく走る。

リアサイドドアがヒンジ式で、使い勝手はスライドドアより落ちるのはやむを得ない。3列目シートは大人が座るには厳しく、子ども専用か、エマージェンシーと考えたほうがいい。

プレマシーの魅力のひとつは洗練されたデザインだろう。デザインは個人の趣味の問題で、コメントしにくい部分だが、マツダのデザインは、とくに欧州で評判がよく、影響を受けた欧州車もある。プレマシーもマツダファミリーそのままの顔つきで、うまいまとまりを見せている。カローラスパシオ、ストリームよりも販売台数が少ないため、街なかでも出会う機会が少ない。他人と同じクルマに乗りたくないユーザーにはいいクルマだ。

プレマシー　［マツダ］　デビュー・'99

①エンジン：1800直4DOHC／135ps／16.5kg-m ②ボディ：全長4315〜4345×全幅1695×全高1570〜1590㎜③ホイールベース：2670㎜④最小回転半径：5.4m ⑤車重：1280〜1400kg ⑥サスペンション：前／後ストラット⑦ブレーキ：前ディスク／後ディスク、ドラム⑧10.15モード燃費：10.4〜11.8㎞/ℓ ⑨定員：5／7名⑩価格：159.8〜219.8万円

③リバティ［日産］……子どもがいるならスライドドアは結構便利

乗用車感覚で乗れるミドルクラスのミニバンのなかで、リバティだけがリアにスライドドアを設定している。都市部では、狭い駐車場に入庫することも多く、スライドドアは乗り降りに便利で、とくに、チャイルドシートへ子どもを座らせたり降ろしたりといったときに有利だ。

スライドドアはリモコン操作も可能で、小さな子どもづれで、両手いっぱいに買い物をしてクルマまで戻ってきたようなときに重宝に使える。同じものはホンダのステップワゴンにもあり、こういったキーレスエントリーは、今後、どのクルマでも普通のものになるだろう。

走行性能、運動特性はとりたててコメントするようなものはなく、このクラスの平均的なレベルだ。走りにこだわりのないユーザーには、むしろ個性のないほうが快適に使えるかもしれない。

コーナリングのときに、路面をタイヤがつかんでいるのに、ボディだけがややロールするような動きをするのが気になる。

プレーリー・リバティ　[日産]　デビュー・'98

①エンジン：2000直4DOHC／147ps／20.2kg-m②ボディ：全長4575×全幅1695×全高1630㎜③ホイールベース：2690㎜　④最小回転半径：5.3m⑤車重：1500kg⑥サスペンション：前ストラット／後マルチリンク⑦ブレーキ：前ディスク／後リーディングトレーリング⑧10.15モード燃費：13.0㎞/ℓ⑨定員：7名⑩価格：171.8～243.8万円

《その他のミニバン・ワンポイント解説》

●エルグランド［日産］

現在、オデッセイの米国版、ラグレイトと並んで、最も豪華なミニバンがエルグランドだ。ボックスタイプのためスペース的にも有利で、3列シートのどの席に座ってもゆったりとロングドライブを楽しめる。

ただし、サイズがあるため、自分でハンドルを握るときは気をつかう。自分で運転するよりも、乗せてもらいたいクルマだ。直4の直噴ディーゼルターボエンジンと、V6エンジンがあるが、このクルマの雰囲気にはV6が似合う。

●ガイア［トヨタ］

イプサムがサイズアップしたため、トヨタのミニバンのなかでは5ナンバーサイズのガイアが最も扱いやすいクルマになった。オデッセイをうち負かすべく、先代イプサムをベースに、イプサムよりゆとりのあるミニバンとして開発したモデルだ。このクラスの標準的な性能ながら、大きくなったイプサムから移行してくるユーザーもいるに違いない。

●オーパ［トヨタ］

セダンではなく、かといってミニバンともステーションワゴンとも言い切れないクルマだ。3列シートに仕立てることのできるサイズながら2列シートで仕上げ、キャビンスペースはゆったりしている。ハイブリッド化するのに都合のよさそうなクルマだ。もっと個性、特徴を前面に出してもよかったように思う。

●プレサージュ　バサラ［日産］

これもオデッセイをターゲットにして開発したモデルだ。やや高級な味付けをしたミニバンで、販売店対策のため顔つきだけ変えた双子の姉妹とした。高速道路のクルージングで味を出す。

●シャリオグランディス［三菱］

三菱は、オデッセイとコンセプトの似たシャリオを最も早くデビューさせていた。しかし、開発時期が早すぎ、時代と合わず、人気を得られずに消えていった。その悔しさをバネに開発したのがシャリオグランディスで、一時、三菱の稼ぎ頭になったほどだ。車幅はあるが全長は抑えてあり、扱いやすい。しかしキャビンは広く快適だ。他社の新型ミニバンの前に競争力は落ちている。

PART3

セダン

離れたユーザーを取り戻すのはどちらか?

●「高級車づくり」はトヨタに一日の長

セダンの不振が続いて久しい。唯一売れているのがトヨタのカローラで、他は元気がない。なかでも、人気がないのがミドルクラス以下のセダンだ。

ひとつの原因は、250万円くらいまでのセダンは、充実したミニバンと価格帯が競合するからではないだろうか。実用性、多用途性を考えれば、やはりミニバンのほうが有利で、セダンは選ばれにくい。

セダンで売れているのは、トヨタの上級車種だけといってもいい。300万円以上のモデルはどれをとってみても、静かでスムーズに気持ちよく走る。とくにセルシオは別格で、ひと言で表現するなら「いいクルマ」ということだ。

クルマづくりの思想が違うので、いちがいに優劣はつけられないが、メルセデスと比較しても劣るところはない。米国市場でも、セルシオ（現地モデル名レクサスLS400）はメルセデスと並ぶ上級モデルで、販売台数を伸ばしている。静かさと乗り心地のよさがセルシオの最大の魅力だ。また、米国ではカムリが人気を集めている。

対して、ホンダのセダンは、日本でのセダン人気低迷そのままの状態に陥っている。

シビックもアコードも決して悪いクルマではないが、国内ではまったく影が薄い。おそらく、ホンダファンには、ホンダのセダンは見えていないのではないだろうか。

しかし、米国市場では、ホンダのF1のイメージもあり、アコードはブランドになっている（米国でのアコードは日本仕様よりサイズが大きい）。ただし、高級車市場向けのレジェンド（現地ではアキュラブランド）は、トヨタほど伸びてはいない。

ホンダのクルマづくりに対する真剣さ、独自のアイデア、技術などは高く評価できるものの、高級車づくりはまだ苦手のようだ。これはホンダに限ったことではなく、日本車全般に当てはまることだが、日本人は、本当の「贅沢」を知らない。経済的に豊かで何ら不安のない暮らしをしている人であっても、一部を除き、どこか成金的だ。だから、クルマについても、高級車とはどんなものか知っている人間は非常に少ない。こういった土壌の国で高級車は簡単にはつくれない。

おそらくホンダもこれから先、当分の間、世界に通用する高級車の開発には苦悩するだろう。ただし、ホンダが高級車を無理に開発することはないように思う。環境対策エンジンの開発など、他にやらなければならないことが山のようにあるからだ。

カムリ［トヨタ］ VS. アコード［ホンダ］

カムリの評価
「北米市場向け」と一目でわかる広さ

コンセプト……米国市場でのベストセラーカー

日本で元気はないものの、カムリはホンダのアコードと並んで、米国市場で大健闘している。詳しいユーザーなら、トヨタのカムリ、ホンダのアコードが、フォードのトーラスの苦戦を横目に、常に販売台数トップの座を争っていることをご存じだろう。

カムリは、北米でレクサス３００のネーミングで販売されている日本名ウインダムの姉妹車で、ウインダムが３ℓのＶ６エンジンなのに対し、直４の２・４ℓエンジンを搭載している。ウインダムがプレミアムカー、カムリは実用車という区分けだ。

カムリの米国での販売台数は、年間40万台以上だ。これは日本でのカローラの販売台数の二倍以上になる。先に米国市場を制したのはアコードで、１９８９年にミドルクラスセダンの部で販売台数首位の座につき、1991年まで地位を守った。翌年にはトーラスが首位になり、カムリは1997年にはじめて米国市場を制した。

日本での販売台数を見ると、2001年のデータでは、カムリは姉妹車のアルティスを加えて、月に1800台弱売れている。対してアコードは、やはり姉妹車のトルネオを加え、月1800台強で、ほぼ同数だ。

キャビン……「米国向け」の広いキャビン

早いもので、カムリも現行モデルで7世代目になり、トヨタの他の上級セダンと同様、全体的に熟成が進んでいる。インテリアの質感も高い。北米市場向けに開発しただけあって、キャビンは広くおおらかだ。体重のある米国のユーザーのために仕立てたシートは、掛け心地がいい。後席シートも3名乗り込んでも窮屈感がないほど広い。

走る、曲がる、止まる……車幅さえ気にならなければ問題なし

トヨタの上級セダンはどのモデルも静かにスムーズに走る。カムリも例外ではない。1795㎜の車幅が気にならずに運転できるユーザーなら、快適に使えるだろう。

カムリ　[トヨタ]　デビュー・'01

①エンジン：2400直4DOHC／159ps／22.4kg-m②ボディ：全長4815×全幅1795×全高1490mm③ホイールベース：2720mm ④最小回転半径：5.3m ⑤車重：1420kg⑥サスペンション：前／後ストラット⑦ブレーキ：前／後ディスク⑧10.15モード燃費：11.0km/ℓ⑨定員：5名⑩価格：225.0〜290.0万円

トヨタの上級セダンは「静かでスムーズ」

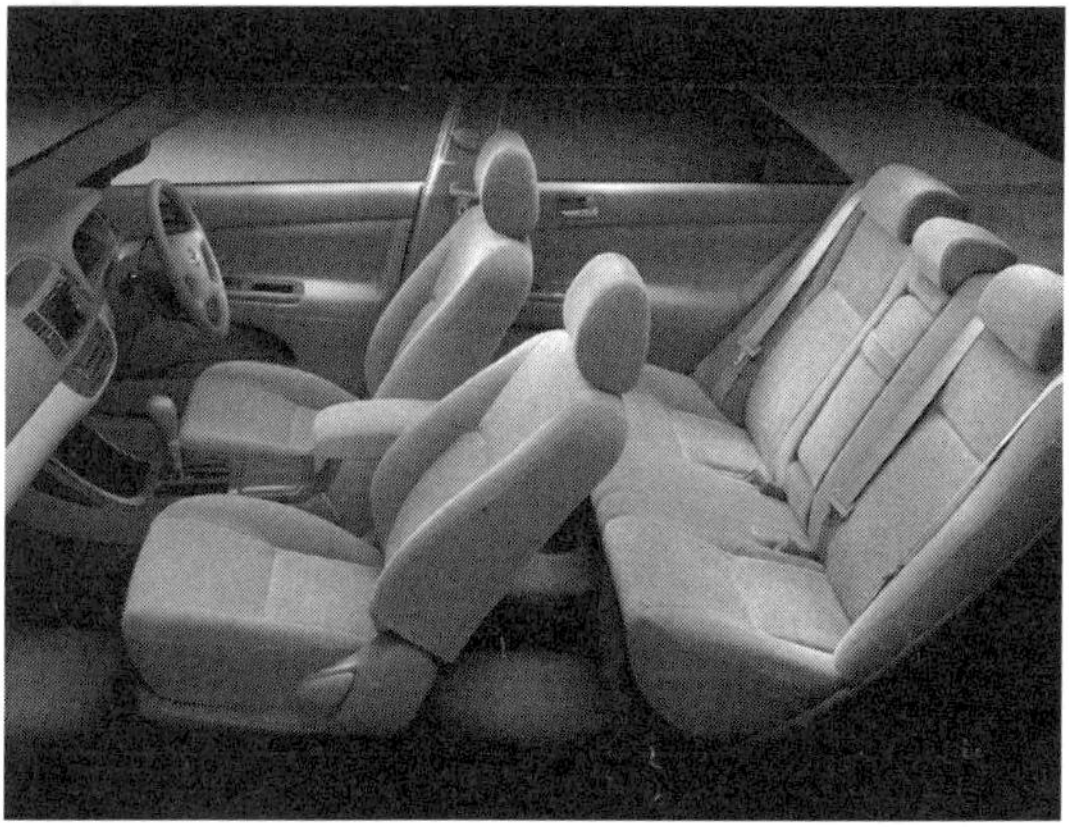

広くおおらか、質感の高いキャビン

カムリ【トヨタ】 VS. アコード【ホンダ】

アコードの評価
日本ではなぜか売れない バランスのいいクルマ

コンセプト……ホンダが「世界中で売りたい」ミドルクラスセダン

日本の自動車メーカーのなかで、米国での現地生産が最も早かったのがホンダだ。CVCCエンジンが、当時の技術では無理とされていた米国の排出ガス規制、マスキー法を真っ先にクリアしたことや、低燃費であることが認知され、シビック、アコードが爆発的に売れるようになった。

しかし、初期のアコードは、日本仕様と同じプラットフォームをつかっていたためサイズを大きくできず、遅れて米国市場に投入されたトヨタのカムリに地位を脅かされることになった。ホンダは、アコードの復権を目標に、米国仕様アコードのサイズを広げて成功した。このサイズアップしたアコードは、日本でも手直しをして投入したが、逆に日本では扱いにくいサイズになり、販売はふるわなかった。

ホンダは、この反省から、1997年にフルモデルチェンジした現行アコードからサイズを5ナンバー枠に戻し、米国仕様、欧州仕様と3種類をつくり分けている。ホンダらしい大胆な発想ながら、成功しているのは米国だけという状況が残念だ。

キャビン……日本仕様アコードでも広さに満足感

日本仕様アコードは5ナンバーサイズで、非常に扱いやすい。キャビンは、日本人には何ら不満のない広さで、大人四人がゆったりとロングドライブを楽しめる。トランクルームも広く、デカ物を頻繁に積み込むようなユーザーでなければ問題がない。

走る、曲がる、止まる……エンジンはどちらを選んでもOK

エンジンはVTECエンジン（可変バルブタイミング）で、SOHCとDOHCがある。日本人はいまだにDOHCエンジンにこだわりがちだが、出来のいいエンジンはSOHCでも何ら問題なく、アコードのSOHCエンジンもスムーズでよく回る。DOHCエンジンも悪くない。

アコード　[ホンダ]　デビュー・'97

①エンジン：2000直4SOHC／150ps／19.0kg-m、②ボディ：全長4635〜4680×全幅1695×全高1405〜1420㎜③ホイールベース：2665㎜④最小回転半径：5.4m ⑤車重：1270〜1300kg ⑥サスペンション：前／後ダブルウィッシュボーン⑦ブレーキ：前／後ディスク⑧10.15モード燃費：12.4〜13.8km/ℓ ⑨定員：5名⑩価格：155.3〜276.8万円

日本仕様アコードは扱いやすいのだが

米国仕様アコード

《カムリvs.アコード》対抗モデル評価

①マークⅡ［トヨタ］……日本のセダンの代名詞、ただし魅力は……

セダン人気低迷のなか、月に5000台を売り上げるトヨタの看板車種で、日本のセダンの代表的モデルだ。2000年にフルモデルチェンジを受け、質感を高めてデビューしてきた。しかし、出来のいいカローラと比較すると、数十万円よけいに出費してマークⅡを買うだけの価値があるかどうか疑問もある。

ナビゲーションシステムとATを組み合わせたコンピュータ制御のシフトは完成度が高く、道路状況を分析して、自動的に最適のギアを選択して走る。運転がうまくなったように感じるドライバーも少なくないだろう。

マークⅡのもうひとつの特徴は、後輪駆動ということで、FRで運転免許を取得した熟年世代には素直な運転感覚が魅力だろう。ただし、他にこのクルマを選ぶ理由は見つけにくい。無難なクルマなのは間違いないが、乗っていて誇りのようなものを感じることはできない。

マークII　［トヨタ］　デビュー・'00

①エンジン：2500直6DOHC／280ps／38.5kg-m、2500直6DOHC／200ps／25.5kg-m ②ボディ：全長4735×全幅1760×全高1460mm ③ホイールベース：2780mm ④最小回転半径：5.3m ⑤車重：1530kg ⑥サスペンション：前／後ダブルウイッシュボーン⑦ブレーキ：前／後ディスク⑧10.15モード燃費：9.4km/ℓ ⑨定員：5名⑩価格：235.0〜336.0万円

②レガシィB4［富士重工］……ワゴンだけでなくセダンもなかなか

今、富士重工はレガシィツーリングワゴン一辺倒ではなく、セダンのＢ４も有力な商品になっている。パッケージングやデザイン面はまだ高い評価をするわけにはいかないものの、サスペンション、エンジン、四駆システムなど、クルマの基本性能に直結する部分の完成度は高い。

四駆のセダンとしては他車に大きく差をつける走行性、運動性能があり、走りにこだわるユーザーには割安感があると思う。とくに6気筒の水平対向エンジンを搭載したモデルは爆発的な運動性能で、しかもサスペンションのチューニングと前後輪のトルクのかかり方が絶妙なモデルだ。

世界の自動車業界を見ると、プレミアムカーは四駆が主流になりそうな流れがある。近い将来、富士重工の四駆システムがさらに注目される可能性が高い。Ｂ４も素質のいいセダンで、うまく熟成させてほしいものだ。

唯一、デザインがマイナス要因だったが、ここにきて少しずつまとまりのいい顔つきになってきた。ただし、凄いクルマではなく快適ないいクルマづくりをしてほしい。

レガシィ　B4　[富士重工]　デビュー・'98

①エンジン：2000水4DOHC／260ps／32.5kg-m、2000水4DOHC／155ps／20.0kg-m ②ボディ：全長4605×全幅1695×全高1410㎜ ③ホイールベース：2650㎜ ④最小回転半径：5.4〜5.6m ⑤車重：1390〜1490kg⑥サスペンション：前ストラット／後マルチリンク⑦ブレーキ：前／後ディスク⑧10.15モード燃費：11.2〜12.2㎞/ℓ ⑨定員：5名⑩価格：217.5〜275.8万円

③スカイライン［日産］……いいクルマだが「名前」に負けている

スカイラインのイメージリーダーだったGT－Rが生産中止になり、その代替というわけでもないだろうが、CVTを装着した3・5ℓモデルが追加された。

このクルマがデビューしたとき、いずれGT－Rのイメージに近いパワーが欲しいという声がユーザー側から上がり、それに応えたモデルを追加すれば、ますますパッケージングとそぐわないクルマになると指摘しておいた。どうやら予測が当たってきたようだ。

今のスタイリングならば、環境対策エンジンを載せたり、燃費のよさを謳うなど、走り以外の魅力を打ち出したほうが、すんなりユーザーに受け入れられたように思う。ところが、スカイラインという名前をつけたばかりに走行性を重視する方向へ向かいつつある。最初から、どこかコンセプトがずれているような気がする。

むしろ、速さのイメージが残る「スカイライン」とは別の車名のほうがよかったのではないだろうか。また、車格の割に、ゴツゴツした乗り味で感心しない。しなやかな脚に仕上げてほしかった。

スカイライン　[日産]　デビュー・'01

①エンジン：V6DOHC3000／260ps ／33.0kg-m ②ボディ：全長4675×全幅1750×全高1470㎜③ホイールベース：2850㎜ ④最小回転半径：5.6m ⑤車重：1580kg⑥サスペンション：前／後マルチリンク⑦ブレーキ：前／後ディスク⑧10.15モード燃費：8.1㎞/ℓ ⑨定員：5名⑩価格：250.0〜366.8万円

カローラ［トヨタ］ VS. シビック フェリオ［ホンダ］

カローラの評価
さすがトヨタの代表車、安定感は抜群

コンセプト……トヨタならではのコストパフォーマンス

日本でセダンが売れていないというのは事実だが、唯一当てはまらないのがカローラだ。2001年のデータを見ると、月平均で8千台弱の売り上げがある。ハイトワゴン、ミニバン全盛のなかでも、クルマはセダンに限る、セダンでなければならないという根強いファンも多く、このクラスではカローラがしっかり応えている。逆に見れば、出来のいいセダンは、逆風のなかでも売れるという証拠だ。

全体を見ても、世界十数ヶ国で生産し、百二十ヶ国ほどで販売しているモデルだけの完成度の高さがある。経済状況も、使い方もさまざまな世界各国のユーザーの要望を満たす見事なクルマだ。

価格を前提にすれば、これだけの実力車はトヨタ以外では販売できないだろう。何か1台、交通手段として手頃なセダンが欲しいというユーザーには、安心して真っ先に勧められるクルマだ。

キャビン……「90点」をつけられるそつのなさ

パッケージングは、トヨタのクルマらしいそつのないまとまりを見せている。個性的でもなく、かといって古いわけでもないデザインだ。インテリアの質感、仕上げは、ひとクラス上のクルマと遜色ない。先代モデルよりも若干サイズが大きくなり、セダンとしてのグレードも上がった。長い間、トヨタは80点主義といわれてきたが、90点主義に移行したといっていい。

シートもよくなった。縫い目の仕上げも見事で、さすがトヨタのクルマといった印象だ。ただし、短い起毛のシート地は疑問だ。シートのなかでシート地のコストが高く、厳しい事情はわからないでもないが、色づかいとの関係もあって、安っぽさが否めない。

走る、曲がる、止まる……トヨタの看板モデルとして大幅な見直しがされた

エンジンは、とりたてて評価できるところはない。燃費も環境対策も、特別に優秀ということもない。このあたりは、天下のトヨタの大黒柱としては物足りなさがある。音止めは丁寧に処理したようで、静かになった。エンジンのマウンティングや、インシュレーターの吟味、防音材の選択などに研究のあとが見える。全体として先代よりかなり走行性能、運動特性が上がった。トヨタの看板モデルだけに、開発責任者もがらりと変えるのは決心がいるだろうが、大幅な見直しがされ、それが成功している。

とくに直進性がよくなったのが印象的だ。コーナーへの進入もスムーズになっている。サスペンションの軸の設定方法など、新しい自動車工学を基礎にして設計し直している。下請けの設備も新しくしなければならず、トヨタは費用を補助しながら発注してカローラを仕上げている。無借金経営の企業ならではのゆとりだ。

パワーステアリングには油圧方式と電気式があり、カローラには１３００ccと１５００ccが電気式、１８００ccは油圧式が採用されている。油圧式のほうは特別な印象もないが、電気式はうまい調整がなされている。

カローラ ［トヨタ］ デビュー・'00

①エンジン：1800直4DOHC／136ps／17.4kg-m②ボディ：全長4365×全幅1695×全高1470mm③ホイールベース：2600mm ④最小回転半径：5.1m⑤車重：1080kg⑥サスペンション：前ストラット／後トーションビーム⑦ブレーキ：前ディスク／後リーディングトレーリング⑧10.15モード燃費：15.0km/ℓ⑨定員：5名⑩価格：122.3～214.8万円

カローラ［トヨタ］ VS. シビック フェリオ［ホンダ］

シビック フェリオの評価 運動性能だけなら カローラをしのぐが……

コンセプト……なぜか日本では忘れられている「いいクルマ」

ホンダの定義では、シビックフェリオ（以下フェリオ）がセダンで、シビックはワゴンということになっている。先代と分類方法が変わり、ややわかりにくい。販売面でもマイナス要因になっているように思う。もちろん、これだけが原因ではないが、元気のいいモデルが多いホンダのなかで、フェリオの売れ行きはふるわない。

悪いクルマなのかといえば決してそんなことはない。ほぼ同時にデビューしたカローラと比較しても劣るところはなく、むしろ、運動性能では上回るほどだ。にもかかわらず、欧米では人気モデルだが、なぜか日本では忘れられている。

昔のホンダファンは、走り優先のユーザーが大半だった。しかし、今はホンダと聞くと、ミニバンや2ボックスのコンパクトカーしか思い浮かばないようで、セダンは完全に視野から外れてしまっている。

　出来がいいクルマは、エクステリアも素直で、乗って気になるところが少ないものだ。それが、ともすれば印象が薄く、魅力のないクルマということになる。フェリオもそんな一台になっているようだ。

キャビン……「ユーザー本位」の姿勢は評価できる

　カローラのパッケージングはセダンの基本を踏まえた出来のよさがあるが、フェリオも合理的でうまいパッケージングだ。フェリオをよく見るとカローラと似ているが、両車はほぼ同時にデビューしているわけで、どちらかが影響を受けたことはない。セダンのデザインも、つきつめていくと似てきても不思議ではない。

　また、フェリオは、セダンでありながら、フロアが平らになっていることには驚かされた。全高が高いミニバンは地上高も高く、フロアをフラットにすることも容易だが、セダンは地上高が低く非常に難しい。ごまかしがきかないからだ。

　一般にセダンは、ボディ剛性を高めるために床を盛り上げる。そこに補機材も収納してまとめあげる。しかし、ユーザーから見れば、フラットフロアのほうがはるかに快適で、ユーザー本位のホンダの姿勢は評価できる。

フェリオを見てもうひとつ感じたことは、ホンダのエンジニアもシニア世代に入ったということだ。それはクルマに乗り込むときにわかる。

以前のホンダ車は、セダンであっても全高が低く、当然ながらシートの着座位置も低かった。私が、セダンであるなら全高を高く、着座位置も上げたほうがいいと何度もアドバイスしたが、「三本さん、そんなのはダメですよ」と笑われたものだ。

当時のホンダの若いエンジニアたちは、クルマは全高も着座位置も低く、脚を投げ出すようにして座り、両手を伸ばしてステアリングハンドルを握るものだと信じ込んでいたようだ。そのため、空を見上げるような不自然な姿勢になることが多かった。

身体のしなやかな、若いエンジニアにはわからなかっただろうが、年輩のドライバーには乗り降りにも苦労するクルマだった。しかし、フェリオをはじめ、ここ数年の間にデビューしてきたホンダ車は着座位置が高く、シート自体の出来もよくなった。

ホンダのエンジニアは他社よりも平均年齢が若いものの、身体の柔軟性が失われたシニア世代も増えて、低く座ることのつらさを実感できるようになったのではないか。

フェリオは、シートのみならず、ステアリングやペダルの位置、操作性など、よく考えられている。

走る、曲がる、止まる……高いレベルでバランスがとれている

エンジンの出力は標準的で、驚かされるようなところもない。しかし、音は静かでスムーズに回る。ややオーバースピードでコーナーに入っても、後輪も前輪も滑るようなことはない。何ら不安を感じさせず、走り屋には面白みに欠けるクルマだと感じさせるかもしれない。

しかし、今、セダンに走りの魅力を付加しても受け入れられる時代でもなく、ホンダも、セダンは安定して走ることがいちばんの条件だと割り切っているように思う。乗り心地もよく、かなり高いレベルでバランスがとれている。燃費も悪くない。

特にシビック・ハイブリッドは注目に値する低公害性と経済性を保障している。5ドアシビックもハイブリッド化できれば、相乗効果でもっと話題になったに違いない。

シビック フェリオ ［ホンダ］ デビュー・'01

①エンジン：1500直4SOHC ／105ps ／13.8kg-m、1700直4SOHC ／130ps ／15.8kg-m ②ボディ：全長4435×全幅1695×全高1440～1460㎜③ホイールベース：2620㎜ ④最小回転半径：5.2～5.4m ⑤車重：1070～1160kg⑥サスペンション：前ストラット／後ダブルウィッシュボーン⑦ブレーキ：前ディスク／後リーディングトレーリング、ディスク⑧10.15モード燃費：16.2～20.0㎞/ℓ ⑨定員：5名⑩価格：126.8～209.0万円

操作性、実用性がよく考えられている

フロアが平らになっているのには驚かされた

《カローラ vs. シビック》対抗モデル評価

①ブルーバード シルフィ［日産］……二強には及ばず、日産車が好きな人限定

単体で評価すると、かなりいいクルマといっていい。ところが、カローラが出てきたことで比較され、見劣りしてしまう。本来、ブルーバードはトヨタのコロナと競合するモデルだが、すでにトヨタにコロナはなく、トヨタはブルーバードを競合車とは考えていない。実際に比較になるのはカローラで、同じ１５００ccモデルを比べるとシルフィは10万円は高い。

エンジンは力作で、環境対策エンジンの１８００ccは、米国のロサンゼルスの大気より排ガスのほうがきれいという評判をとっている。２０００ccエンジンは直噴ガソリンエンジンで、直噴エンジンのなかでも出来がいい。ただし、このエンジンに組み合わせた無断変速機、ＣＶＴは、ある回転数になると耳障りな音がする。

パッケージングは、サニーより多少広い程度ながら、先代よりかなり出来がいい。ただ、足元などはカローラよりもやや狭い。

ブルーバード シルフィ　［日産］　デビュー・'00

①エンジン：1800直4DOHC／120ps／16.6kg-m ②ボディ：全長4470×全幅1695×全高1445㎜③ホイールベース：2535㎜ ④最小回転半径：5.0m ⑤車重：1170kg⑥サスペンション：前ストラット／後マルチリンク⑦ブレーキ：前ディスク／後リーディングトレーリング⑧10.15モード燃費：16.0㎞/ℓ ⑨定員：5名⑩価格：154.9～206.2万円

②ランサー セディア［三菱］……三菱好きならお買い得の1台

現行モデルからサイズが拡大され、カローラ、シビックとほぼ肩を並べた。ランサーセディアの上にはギャランがあるが、ランサーはギャランと同程度のスペースがあり、走りも目立ったところはないものの、悪くはない。当然ながらギャランより価格も安く、三菱のクルマ、セダンが好きならランサーはお買い得といえるかもしれない。後席は前席よりやや高い着座位置で、前方視界の確保に考慮してある。

トランスミッションは無段変速機、CVT一本にしぼった。エンジンも1・5ℓと1・8ℓのGDIのみと割り切っている。CVTは、ドライバーの運転技術に左右されることが少なく、誰が運転しても、ほぼ同じような燃費を稼ぐことができる。

ひとつだけ、CVTに共通のことで気になるのが、上りの坂道でブレーキの踏みつけが弱いと後戻りすることだ。以前と違い、最近のCVTには、アクセルを踏まなくてもわずかに前へ進もうとするクリーピングの機構がついているものが多い。しかし、上り坂では車重に耐えられずに、ブレーキペダルを離した瞬間、後退することもある。初心者は前もって知識を頭に入れておいたほうがいい。

ランサー セディア ［三菱］ デビュー・'01

①エンジン：1500直4DOHC／100ps／14.0kg-m、1800直4DOHC／130ps／18.0kg-m ②ボディ：全長4370～4480×全幅1695×全高1430㎜③ホイールベース：2600㎜ ④最小回転半径：4.9m ⑤車重：1090～1210kg⑥サスペンション：前ストラット／後マルチリンク⑦ブレーキ：前ディスク／後リーディングトレーリング⑧10.15モード燃費：15.4～16.8㎞/ℓ ⑨定員：5名⑩価格：112.3～330.0万円

《その他のセダン・ワンポイント解説》

●プログレ〔トヨタ〕

小さな高級車と呼ばれるトヨタの上級セダン。インテリアの質感は高く、キャビンもラゲッジも狭さはない。2001年にマイナーチェンジを受け、エンジンが直噴ガソリンのD－4になった。静かでスムーズな走りが魅力だ。

●ブレビス〔トヨタ〕

プログレのユーザーよりも若い層を狙ったプログレの姉妹車で、ほとんどのメカニズムが共通だ。ペダルが前後に可動し、ドライビングポジションがとりやすい。

●ヴェロッサ〔トヨタ〕

マークⅡを扱えない販売店対策として、マークⅡをベースにつくった姉妹車。コンセプトがはっきりせず、中途半端な印象のクルマになっている。走り味はマークⅡのままで悪くないが、高価な割に、乗っていて誇りは感じられない。

●プリメーラ〔日産〕

パッケージングのよさとサスペンションが評価された初代同様、現行モデルもチューニングがうまく、走りのよさを取り戻している。ただしサイズは大きくなり過ぎた。

●ウィンダム［トヨタ］

エンジンは現行モデルから3ℓのみとなり、先代よりも静粛性は高く、走りもさらにスムーズになった。おおらかに、ゆったりと走りたいユーザーに向く。

●サニー［日産］

カローラのライバルだったのは、はるか昔の話で、今やすっかり印象が薄い。出来はいいので、購入条件がよければ、オーナーになっても悪くない。

●ビスタ［トヨタ］

セダンとして理想的なパッケージングのクルマだ。実用的で、直噴エンジンはおとなしく走れば好燃費が期待できる。

●ファミリア［マツダ］

合理的なパッケージングで、実用性が高い。キビキビと走る。

●クラウン［トヨタ］

ハイブリッドシステムを簡易化したマイルドハイブリッドなど、新しい仕掛けも積極的に採用している。

PART4

SUV

ブームもさめた今、
生き残るのはどちらか?

●ライトクロカンが主流になったSUV

クロスカントリーモデルでリードしてきたのが三菱とトヨタで、一時、ビッグサイズのパジェロやランクル100が飛ぶように売れた。しかし、登山靴のようなクルマが売れるほうが異常なことで、その後、さすがに熱がさめ、今や見ることも少なくなっている。

唯一、話題になっているのがトヨタのランクル100で、最も盗難の対象になるクルマとしてマスコミに登場するくらいだ。

代わって主役になったのがオンロードの走行性能を高めたモデルで、代表がトヨタのハリアーだ。ハリアーは、最初、米国でデビューし、のちにメルセデスやBMWがハリアーと同じコンセプトのクルマをあわてて開発したほどの人気と注目を集めた。四駆の魅力を米国人に教えたのもハリアーで、トヨタ車としては珍しく新しいジャンルを切り拓いたクルマだ。

米国で大成功したあと、日本にも錦を飾ったが、その直後から順調に売れつづけ、今も安定した人気を得ている。ハリアーが日本に姿を見せた当時は、まだトラックべースのハイラックスサーフなどがあった。しかし、ハリアーの乗り心地のよさ、走行性能の高さの前になすすべもなく撤退を迫られた。

ただ、日本市場でＳＵＶの主流となっているのは、ハリアーよりもサイズの小さなモデルで、俗にライトクロカンと呼ばれるクルマだ。トヨタのＲＡＶ４、ホンダのＣＲ－Ｖ、三菱のパジェロイオ、エクストレイル、富士重工のフォレスター、日産のエクストレイルなどが該当する。

どれも扱いやすいサイズで、オンロードの走行性能を高め、オフロードもそこそこ走れる脚力にしてあるのが共通点だ。実際問題として、趣味で走る以外は、日本ではオフロードの走行性能はさほど必要ない。

アウトドアレジャーに出かけるにも、無理に山奥に踏み入れない限り、整備された山坂道を走って施設にたどりつける。頻度としては、自宅周辺や街へ出かけるときに乗るほうがはるかに多く、オンロード重視の方向は間違いではないだろう。

四駆システムを見ても、ＲＡＶ４、ＣＲ‐Ｖなどは、ヘビーなオフロード走行を期待するのは間違いだ。アウトドアの雰囲気を楽しむためのクルマと考えておいたほうが無難だろう。

RAV4［トヨタ］ VS. CR-V［ホンダ］

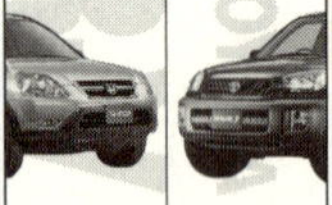

RAV4の評価
オフロードはほどほどの、ライトクロカンの代表選手

コンセプト……ほとんど「RV感覚の乗用車」

ＲＶ車も、一時の登山靴のような、巨大でいかついものは影をひそめ、ほどほどのサイズで扱いやすい、俗にライトクロカンと呼ばれるクルマが主流になっている。代表的なモデルが、このジャンルの先がけとなったＲＡＶ４と、ホンダのＣＲ－Ｖだ。

現行モデルは2世代目で、初代は、今はなきターセルのコンポーネンツで仕上げた。当然ながらモノコックボディで、この種のクルマとしては乗用車的な走りで人気を集めた。反面、オフロード走行はほどほどで、どちらかといえば、ＲＶ感覚の乗用車といっていいクルマだった。しかし、現実問題として、日本で本格的なオフロードを走る機会はほとんどないことを考えると、うまいコンセプトのクルマだ。雰囲気づくりの巧みなトヨタならではのモデルだ。

キャビン……パッケージングのうまさでスペースを確保

２０００年５月にデビューした現行モデルは、ベースがビスタ・アルデオで、パッケージングがうまく、先代で不満の多かったスペースが広がった。リアシートが脱着可能で、取り外すと、かなり広いラゲッジスペースができあがる。マウンテンバイクを２台、そのまま積み込めるほどだ。

走る、曲がる、止まる……乗り味は先代より向上している

走りに直結するボディ剛性が上がったことがはっきりわかる。２世代目として熟成され質感も上がった。先代ＲＡＶ４同様、２ドアと４ドアモデルがあるが、これは安く運動性に勝る２ドアモデルを欲しがる若者と、実用的な４ドアを求めるシニア世代のために、つくり分けているからとのことだ。

サスペンションの構造などは先代とさほど変わりないものの、うまいチューニングで乗り味は向上している。

RAV4　[トヨタ]　デビュー・'00

①エンジン：2000直4DOHC／152ps／20.4kg-m②ボディ：全長3750〜4145×全幅1735〜1785×全高1675〜1690㎜③ホイールベース：2280〜2490㎜④最小回転半径：5.0〜5.4m⑤車重：1290〜1540kg⑥サスペンション：前ストラット／後ダブルウィッシュボーン⑦ブレーキ：前ディスク／後リーディングトレーリング　⑧10.15モード燃費：14.0㎞/ℓ⑨定員：4／5名⑩価格：149.8〜205.0万円

うまいチューニングで乗り味は向上している

先代で不満の多かったスペースが広がった

RAV4 [トヨタ] VS. CR-V [ホンダ]

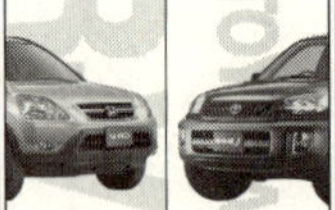

ＣＲ－Ｖの評価
ＲＡＶ４より広いスペースも、四駆にやや難アリ

コンセプト……ホンダが方針転換してつくった泥んこグルマ

初代のＣＲ－Ｖは、ＲＡＶ４から遅れること１年、１９９５年にデビューした。ホンダは、トヨタよりも新しいジャンルを開拓する意欲が強く、近年のクルマでは、トヨタがホンダを追いかける例が多い。しかし、ライトクロカンではトヨタが先行し、ホンダがトヨタに競合車種をぶつける形になった。

初代ＣＲ－Ｖのベースは先代のシビックで、オフロードを意識はしているものの、四駆のシステムは生活四駆レベルで、本格的なオフロードを走るには物足りないメカニズムだった。

それでも、多くのユーザーには十分で、ＲＡＶ４同様、ＲＶ車ブームの追い風を受けて売り上げを伸ばした。とくに、ホンダのブランド力が強い北米をはじめ、世界の市場で大人気となり、総計100万台以上を売り上げている。

当初、ホンダは、この手のクルマの開発には関心がなかった。あくまでもホンダは走りのDNAに彩られたメーカーで、速いクルマはつくるが、泥んこグルマはつくらないという方針のようなものがあった。とはいうものの時代の流れもあり、CR－Vを開発した。結果的には大成功といっていいだろう。

キャビン……リアシートをたたむとマウンテンバイク2台が入る

現行モデルは2001年に6年ぶりにフルモデルチェンジを受け、室内が大きく広がった。全長は短くなっているものの、室内長は65㎜、室内幅は35㎜、室内高も20㎜拡大されている。エクステリアはさほど変わらないサイズながら、内部ははっきりとスペースが広がったことがわかる。

リアシートは、大人が3人乗っても、ロングドライブでなければ、さほど不満も出ないだろう。RAV4同様、リアシートをたたむと、26インチのマウンテンバイクを2台、そのまま搭載可能だ。RAV4よりもゆとりがある。リアシートは4対6の分割で、それぞれリクライニングが可能だ。また、リアシートを倒さなくても、ラゲッジスペースはけっこう広い。

走る、曲がる、止まる……走り味はいいが、四駆のシステムは気になる

エンジンは２０００ccの直４のみで、環境対策エンジンになっている。よりオンロードでの走行性能を高め、落ち着いた走り味だ。先代よりトルクが太くなったのは評価したい。四駆のほか、ＦＦも用意している。フロアはフラットながら、地上高が高めなのは、この種のクルマとしてはやむを得ないだろう。サスペンションは成熟し、先代よりしなやかになっている。

ただ、四駆のシステムは気になる点がある。ややハイスピードでコーナーに入り、途中でオーバースピードに気づいてアクセルを離したようなとき、とたんに四駆から二駆へ変化し、アンダーステアへ運転特性が変わることだ。これはあまり好ましいことではない。

運転が未熟なくせに飛ばしたがるようなドライバーも少なくないが、あわてて危険を招きかねない。四駆の成立方法をもう少し練り直してほしい。

CR－V　[ホンダ]　デビュー・'01

①エンジン：2000直4DOHC／158ps／19.4kg-m ②ボディ：全長4360×全幅1780×全高1710㎜③ホイールベース：2620㎜ ④最小回転半径：5.2m ⑤車重：1410～1460kg⑥サスペンション：前ストラット／後ダブルウィッシュボーン⑦ブレーキ：前／後ディスク⑧10.15モード燃費：13.0～13.4㎞/ℓ ⑨定員：5名⑩価格：187.8～219.8万円

《ＲＡＶ４ vs. ＣＲ－Ｖ》対抗モデル評価

①フォレスター〔富士重工〕……四駆の性能は二強をしのぐ

子どもに描かせたクルマの絵のようなオーソドックスなエクステリアで、この種のクルマとしてはパッケージングはいい。しかし、デザイン自体は富士重工の常でよくない。ただ、ここにきて姿形を練り直そうという機運が出てきたので、次期モデルに期待したいところだ。日本のユーザーの大半は、クルマをデザインで選ぶ今、もう少し商品としての魅力づくりを考えてもいいように思う。

それでも、富士重工ではレガシィとインプレッサにしか目が向きにくいが、フォレスターも出来のよさでは決して負けていないし、地上高は２００㎜と高く、オフロード走行ではレガシィよりも有利だ。利便性も高い。

価格もレガシィより安く、定評ある富士重工の四駆システムが欲しいなら、このクルマはねらい目だろう。四駆システムだけで比較すればＲＡＶ４、ＣＲ－Ｖよりも実力が上といっていい。走りは俊敏で、走行安定性も高い。

フォレスター　[富士重工]　デビュー・'02

①エンジン：2000水4DOHC／137ps／19.0kg-m、2000水4DOHC／220ps／31.5kg-m ②ボディ：全長4450×全幅1735×全高1585〜1590㎜③ホイールベース：2525㎜ ④最小回転半径：5.3m ⑤車重：1340〜1410kg⑥サスペンション：前／後ストラット⑦ブレーキ：前ディスク／後リーディングトレーリング、ディスク⑧10.15モード燃費：13㎞/ℓ ⑨定員：5名⑩価格：178.5〜229.5万円

②エアトレック［三菱］……ようやくできた「今風」の三菱車

ランサーセディアのプラットフォームで仕上げたSUVで、上級モデルでも230万円という手頃な価格の出来のいいクルマだ。SUVのジャンルに入れられるモデルながら、乗用車的なところも多く運転がしやすい。

パジェロ一家に代表される昔ながらの泥んこグルマのイメージが強い三菱が、やっと「今風」のクルマをつくった感がある。三菱ファンも、このコンセプトのクルマを待っていたはずだ。

立体駐車場に入庫できる全高に抑えながら、ほどほどのオフロードは踏破できるようにと、195㎜の地上高を確保している。それだけキャビンの上下の長さが短くなるように思えるが、頭上高はあまりないものの、キャビンは広く、シートもゆとりがあって快適だ。

スライディングルーフを装着したモデルにも試乗してみたが、頭上高が足りないということもなかった。かなりパッケージングを研究したあとが見える。カーゴルームも広く使いやすい。

車幅は1750㎜で、街中ではやや取り回しに気を使う場面が出てくるかもしれない。それでも、全長が４４１０㎜とさほど長くはないので、想像よりは小回りがきくだろう。

試乗していちばん感じたことは、直噴エンジン、ＧＤＩが進化したことだ。以前、１・８ℓのＧＤＩエンジンを搭載したクルマに、テストコースで試乗したとき、時速80㎞を超えたあたりからリーンバーンではなくなっていた。

それが、エアトレックでは、時速１１０㎞まで完全にリーンバーン状態だった。コンピュータも駆使し、以前よりもリーンバーンをうまくコントロールできるようになったようだ。

２・４ℓモデルで高速道路、山道、一般道路をほぼ3分の1ずつ走って、燃料１ℓあたり12㎞の燃費だった。驚くほどいいわけではないが、悪くない数字だ。エコランプが点灯しつづけるような走り方をすれば、さらに燃費はよくなる。

その意味では、排気量の大きいＧＤＩエンジンを、回しすぎないようにして走るほうが有利だ。

肝心の乗り味は悪くない。主婦が、毎日の買い物や子どもの送迎に使ったり、休日にロングドライブを楽しむなど、一台でオールラウンドに使えるクルマだ。騒音は、トヨタの高級セダンのように静かとはいかないものの、ほとんどのユーザーにとって気にならないレベルに収まっていた。

全体的に素質のよさがあり、これからいろいろなことができるクルマだと思う。いまだに三菱にはリコール隠しの傷跡が残っているうえ、売れるクルマ、タマが少ない。エアトレック、セディアワゴン、軽自動車のｅＫワゴンなど、大事に育ててほしいものだ。

エアトレックの場合、多少豪華な味付けをしたプレミアムカーをつくるのも面白い。自然志向の年輩者などには受けるように思う。

逆に、若者向けに、より買いやすい価格に抑えたスタンダードモデルも悪くない。トヨタのｂＢなど、若いユーザーが自分好みに仕立てやすいような仕掛けがある。三菱も、ダイムラーの意向もあるだろうが、ユーザーが楽しめるような工夫も必要ではないだろうか。

エアトレック　[三菱]　デビュー・'01

①エンジン：2300直4DOHC／139ps／21.1kg-m②ボディ：全長4410×全幅1750×全高1550㎜③ホイールベース：2625㎜④最小回転半径：5.7m⑤車重：1330〜1370kg⑥サスペンション：前ストラット／後マルチリンク⑦ブレーキ：前ベンチレーテッドディスク／後リーディングトレーリング⑧10.15モード燃費：11.2㎞/ℓ⑨定員：5名⑩価格：170.0〜240.0万円

③パジェロイオ［三菱］……「小さいパジェロ」はなかなかの実力

三菱の看板、パジェロも、日本ではすっかり勢いが失せてしまった。しかし、もともと、パジェロは海外市場を前提にしたクルマで、日本には無用の出力と扱いにくいサイズのため、爆発的に売れるようなモデルではなかった。三菱も十分に心得ていて、そこで開発したのがパジェロの娘、パジェロイオというわけだ。

先代パジェロをそのまま小さくしたようなエクステリアで、どこから見てもパジェロ一家の家族ということがわかる。

パジェロイオで注目、評価したいのは直噴エンジンにターボを装着したことだ。直噴で燃費を稼ぎ、ターボで出力を上げるのが狙いだが、技術的にはかなり難しく、やはり直噴エンジンを長いこと研究してきた三菱のエンジンだ。

四駆システムは、走行中でもＦＲと四駆の切り替えができる便利なもので、センターデフロックやローレンジもある。このあたりはライトクロカンといっても、ＲＶの三菱ならではの本格的な四駆だ。オフロード走行は競合車より優位に立っている。オンロードの乗り味も悪くない。

パジェロイオ　[三菱]　デビュー・'98

①エンジン：2000直4DOHC／136ps／19.5kg-m②ボディ：全長3975×全幅1680×全高1700～1750㎜③ホイールベース：2280～2450㎜ ④最小回転半径：4.9～5.2m ⑤車重：1310～1410kg ⑥サスペンション：前ストラット／後5リンク⑦ブレーキ：前ディスク／後ディスク、リーディングトレーリング⑧10.15モード燃費：13.0㎞/ℓ ⑨定員：4／5名⑩価格：172.8～231.8万円

④エクストレイル［日産］……今、日産で数少ない? 元気なクルマ

日産で元気なクルマといえばエクストレイルだ。２００１年のデータでは、月平均で３５００台前後の販売台数となっている。日産車でエクストレイル以上の数字を残しているのは、安売りで販売攻勢をかけているサニーと、ミニバンのセレナしかない。日産は、ゴーン氏が業績を上げたと注目されているが、新型車を投入しても勢いは３ヶ月程度で終わるモデルが多く、そのなかでエクストレイルは健闘している。

エクステリアはさほど感心しないが、インテリアは好印象だ。どの席に座っても確認できるセンターメーターなど、デザインもよく考えられている。

また、比較的、オフロードをしっかり走ることができる能力を持たされている。アクセルを踏んだとき、四駆のコントローラーが路面を分析していて、前輪が滑り出す瞬間に後輪へトルクを伝える仕掛けなど、理屈は簡単だが効果的だ。

改善したほうがいいと思うのは脚回りで、もう少ししなやかに仕立ててほしいものだ。若者をターゲットにしたクルマだから、堅い乗り味でもいいだろうと思うのは間違いだ。乗り心地がよくなれば、クルマの評価もかなり上がる。

エクストレイル　［日産］　デビュー・'00

①エンジン：2000直4DOHC／280ps／31.5kg-m、2000直4DOHC／150ps／20.4kg-m ②ボディ：全長4510～4445×全幅1765×全高1675～1750㎜③ホイールベース：2625㎜ ④最小回転半径：5.3m ⑤車重：1340～1460kg⑥サスペンション：前／後ストラット⑦ブレーキ：前／後ディスク⑧10.15モード燃費：9.5～12.2㎞/ℓ ⑨定員：5名⑩価格：185.0～282.5万円

⑤ハリアー［トヨタ］……街乗りもOK、大人のクロカン

ランクルは乗るには抵抗がある、しかし、休日に、少しだけアウトドアしたいというユーザーにぴったりのクルマだ。街なかに停車しておいても違和感はなく、最低地上高が185㎜もあって、ほどほどのオフロード走行は楽しめる。

もとは米国向けに開発されたモデルで、現地で大人気となり、それを横目で見ていたメルセデスが同じコンセプトのMクラスを、BMWもM5をつくった。ハリアーが米国でデビューするまで、米国人の知っている四駆はトラックベースのもので、乗り味など云々するレベルのものでもなかった。

そんな状況下で、高級感のある四駆モデル、ハリアーは圧倒的に支持された。日本でも同様で、大人が乗っても似合う雰囲気がある。2・4ℓと3ℓエンジンがあり、300万円以下で3ℓモデルが購入できる。落ち着いた走りの魅力的なクルマだが、燃費は残念ながらよくない。

ステアリング上のボタンで操作できるスポーツステアシフトマチックは、ステアリングを保持したままシフトアップ、ダウンができる。

ハリアー　[トヨタ]　デビュー・'97

①エンジン：2400直4DOHC／160ps／22.5kg-m、3000V6DOHC／220ps／31.0kg-m ②ボディ：全長4575×全幅1815×全高1665mm ③ホイールベース：2615mm ④最小回転半径：5.7m ⑤車重：1590～1750kg ⑥サスペンション：前／後ストラット⑦ブレーキ：前／後ディスク⑧10.15モード燃費：9.6～10.6km/ℓ ⑨定員：5名⑩価格：244.5～355.5万円

PART5

ワゴン

実用性と走行性能——ワゴンを制するのはどちらか?

●崩壊しつつある「ステーションワゴン」のジャンル

日本でステーションワゴンといえば、富士重工のレガシィツーリングワゴンが代名詞になっている。レガシィが登場するまでは、日本にはワゴンというジャンルは存在せず、形だけは似ている商用車、バンしかなかった。

そこにデビューしたレガシィは、乗り味はもちろんのこと、あらゆる部分が並のセダン以上で、一気に人気モデルとなり、日本にステーションワゴンを認知させた。日本のナンバーワンメーカー、トヨタとしては見過ごしておけず、カルディナに高出力エンジンを載せるなどして、必死にレガシィを追いかけ、追い抜こうとした。しかし、レガシィの実力は高く、とくに世界一の技術といっていい四駆システムには、トヨタも追いつけないまま現在に至っている。

しかし、近年、ワゴンの需要が激減し、ミニバンへと急激に移行してきた。その証拠に、あれだけステーションワゴンをもてはやしていた米国で、今、つくっているメーカーは皆無になってしまった。

欧州ではどうかといえば、これまた新しい動きが出てきつつある。ステーションワゴンは本来、ラゲッジスペースの広さが魅力のはずだが、アウディなどは、空気抵抗を低減するためには、3ボックスセダンよりも、ルーフをリアまで延ばしたデザイン、つまりワゴンの姿、形のほうが有利という理由で、「ワゴン的」なクルマをつくりはじめている。そのため、荷室も従来のワゴンのイメージからはほど遠いもので、セダンよりも狭いほどだ。

日本でも、富士重工のインプレッサスポーツワゴン、マツダのファミリアSワゴンのように、ラゲッジルームが狭く、従来のワゴンのような使い方のできないモデルもある。一方では、ホンダのフィットなど、2ボックスコンパクトカーに分類されているものの、リアシートを収納すると、まさにワゴン的な荷室ができるクルマもある。シビックにしても、ホンダは現行シビックから、「シビックフェリオ」をセダン、「シビック」はワゴンに分類した。

このように、クルマのジャンル分けがくずれてきたのが今の傾向で、これまでの2列の座席にラゲッジルームのついたワゴンは、2ボックスカーなどに、いいとこどりの形で吸収されていくことが多くなるように思う。ただし、出来のいいステーションワゴンは、きちんと残っていくだろう。

カローラフィールダー［トヨタ］ VS. シビック［ホンダ］

カローラフィールダーの評価 バランスのとれた「出来のよさ」が光る

コンセプト……逆風のなか、健闘しているワゴン

前述のように、ステーションワゴンが低迷している。最大の市場である米国には、すでにステーションワゴンをつくっているメーカーはなく、欧州では、従来のワゴンの概念自体がくずれかける気配もある。

たしかにキャビンもラゲッジスペースも、シートアレンジの方法なども、どれをとってみても、ミニバンに一歩譲るワゴンの劣性は否めない。走行性能をとっても、ホンダのオデッセイ、ストリームなどに代表されるミニバンは、並のセダンを蹴散らす走り味を見せる。ますますワゴンには逆風が吹いている。

そんななか、悪くない販売実績を上げているのがカローラのコンポーネンツでまとめたワゴン、カローラフィールダーだ。トヨタの思惑から見れば、まだ物足りないかもしれないが、月平均5千台以上の売り上げは見事だ。

キャビン……荷物がたくさん積み込めるカローラ

パッケージングがうまいカローラ派生のワゴンだけあって、キャビンもラゲッジも使いやすい。26インチのマウンテンバイクを2台積めるかどうかが、スペースを知るうえでわかりやすいが、フィールダーは前輪を外せば2台積み込みが可能だ。

全高は1520㎜で、ガーデニングの趣味があり、背の高い観葉植物を頻繁に購入するようなユーザーでない限り十分の高さがある。何よりも、立体駐車場に入庫できるのがミニバンにはないメリットだ。

カローラが気に入ったユーザーのなかで、もう少し荷物を積み込みたいという人たちには最適のクルマだ。カローラ同様に内装の仕上げがうまく、品質も高い。価格を前提にすれば、これほど出来がよく、使いやすいワゴンはそうはない。トヨタだからこそ開発できたワゴンだ。前へ倒すとテーブルになる助手席のシートバックなど、他メーカーのクルマで評価された仕掛けも取り入れている。

走る、曲がる、止まる……安定感のある四駆がおすすめ

走行性能、運動特性はほぼカローラと同じで、大半のユーザーは不満をおぼえずに乗れるだろう。逆にいえば、ワゴンにこれ以上のサイズと動力性能は必要がないだろう。

日本ではフルサイズのワゴンは使いにくく、280馬力のエンジンも無用だ。フィールダーは5ナンバーサイズのワゴンで、ほどほどの出力のエンジンを搭載したバランスのいいクルマだ。

駆動方式は、できれば四駆を選んでおきたい。クルマの性質から、ラゲッジに大量に荷物を積み込む可能性は高い。そんな状態で、雨や雪のなかを走行する場合、四駆の安定感は二駆とははっきり違う。コーナーの多い山坂道ではもちろん、高速道路での走りも明らかに二駆より優位に立つ。

エンジンは二駆、四駆どちらも1・5ℓと1・8ℓが設定され、FFにだけ2・2ℓのディーゼルエンジンがある。ごく普通の乗り方、使い方をする分には1・5ℓで十分だろう。誰にも乗りやすく、静粛性も高い。

カローラ フィールダー　[トヨタ]　デビュー・'00

①エンジン：1800直4DOHC／190ps／18.4kg-m ②ボディ：全長4385×全幅1695×全高1520mm③ホイールベース：2600mm ④最小回転半径：5.1m ⑤車重：1170kg⑥サスペンション：前ストラット／後トーションビーム⑦ブレーキ：前／後ディスク⑧10.15モード燃費：13.0km/ℓ ⑨定員：5名 ⑩価格：136.3～189.8万円

カローラフィールダー【トヨタ】 VS. シビック【ホンダ】

シビックの評価 走りと広さはフィールダー以上だが、販売不振

コンセプト……シビックがハッチバックからワゴンになった

現行モデルから、ホンダでは3ボックスのシビックフェリオがセダン、2ボックスのシビックはハッチバックセダンではなくワゴンとして扱われている。先代シビックでは、シビックフェリオがセダンなのは同じだが、ハッチバックのシビックもセダンとされていたので、非常にわかりにくい。ハッチバックからワゴンに、より近づけたと考えればいいだろう。

キャビン……ミニバン的雰囲気も感じさせる広さ

分類はともあれ、カローラフィールダーと直接競合するワゴンは、やはりシビックということになるだろう。シビックのリアシートは6対4の分割式で、ダブルフォールディングが可能になっている。リアシートを収納したときのラゲッジスペースは、フィールダーと同じく、前輪を外せば26インチの自転車が2台積み込める。しかし、フィールダーよりも余裕が感じられるほどで、たしかにシビックはワゴンだ。フロアの仕上げもフェリオと同じで、カローラに負けないうまいまとめ方だ。

当然ながらフェリオと同じくフロアはフラットで、全高は、1495㎜と一般の乗用車と変わらないものの、開放感がある。リアシート足元のゆとりも十分だ。前後のウォークスルーも楽々で、ミニバン的雰囲気もある。実際、シビックの延長線上にミニバンのストリームがある。

走る、曲がる、止まる……走りはカローラ フィールダー以上

フィールダーもスムーズな走りを見せるが、シビックのほうが走り屋には好まれるだろう。ホンダファンで、ミニバン、ストリームまではいらないが、3ボックスセダンも好きじゃないというユーザーには候補になる。販売不振ながら、決して悪いクルマではなく、もう少し売れてもおかしくない。駆動方式は、できれば四駆にしたい。

シビック　[ホンダ]　デビュー・'00

①エンジン：1500直4SOHC／105ps／13.8kg-m、1700直4SOHC／130ps／15.8kg-m ②ボディ：全長4285×全幅1695×全高1495〜1515㎜③ホイールベース：2680㎜ ④最小回転半径：5.3〜5.5m ⑤車重：1140〜1250kg⑥サスペンション：前ストラット／後ウィッシュボーン⑦ブレーキ：前ディスク／後リーディングトレーリング⑧10.15モード燃費：15.2〜19.4㎞/ℓ ⑨定員：5名⑩価格：134.8〜253.0万円

走り味はやはりシビック

フィールダーより余裕が感じられるほどのキャビン

《カローラフィールダー vs. シビック》対抗モデル評価

①レガシィ ツーリングワゴン［富士重工］……四駆は世界一、二強をしのぐ完成度

日本車のなかで、世界のどこへ出しても恥ずかしくないクルマは、トヨタのセルシオとこのクルマだろう。その意味では、カローラフィールダー、シビックとも、決して悪いクルマではないものの、正直なところ、レガシィツーリングワゴンと比較するのは無理な気がする。

レガシィツーリングワゴンがデビューしたのは平成元年で、日本のワゴンのジャンルを拓いた。以来、現在まで、他のメーカーから次々とレガシィ追撃ワゴンがデビューしてきたが、販売台数で一時的に上回るモデルはあったにせよ、完成度の高さでレガシィの上に出たモデルはない。

日本は山坂道が多く、四季折々、道路状況はさまざまに変化する。いってみれば、クルマにとって、これほど多様な走行条件を満たさなければならない国も少ないほどだ。しかし、だからこそ四駆技術を磨いてきた富士重工のクルマの完成度が高くなっ

たともいえるだろう。

実際に、レガシィの四駆システムはおそらく世界一だろう。これも富士重工独自の水平対向エンジンとの組み合わせで、非常に完成度の高いクルマに仕上がっている。5ナンバーサイズにこだわりながら、モデルチェンジするたびに熟成度を高める方向で進んでいるのも好ましい。

キャビン……扱いやすさ抜群でデザインも向上

現行モデルは3世代目で、1998年にデビューした。本来はフルモデルチェンジの時期になるが、その必要性がないほど出来がいい。頑固なまでに5ナンバー枠を維持してきたクルマだが、これは正しいと思う。扱いやすいサイズで、かといってキャビンやラゲッジルームが狭いということはない。むしろ、3ナンバーサイズのワゴンの必要性はないと思えるほどだ。

ラゲッジルームの仕上げ、使いやすさもレガシィの魅力で、荷物を載せやすく、収納しやすい。後席の乗員にも開放感を与えるタンデムサンルーフをオプションで用意するなど、商品性も高めている。

富士重工のクルマは、メカニズムは一流だがデザインが弱みだった。それも、ここにきて、少しずつまとまりがよくなってきている。クルマも低価格化が進んでいるなか、このクルマの値段が気になる向きもあるだろうが、完成度の高さを考えると、決して高いとはいえない。人によっては割安感を感じるだろう。

走る・止まる・曲がる……エンジン、ボディ、脚回り、すべてに文句なし

水平対向エンジンはトルク重視型のチューニングがされ、よりワゴンに向いたエンジンになっている。ボディ剛性の高さもかなりのもので、サスペンションの仕上げ方が巧みで、ストロークが先代モデルより大きくなったことも高く評価したい。走りは、しっかり感があり、安心して運転できる。

新しく追加された水平対向6気筒エンジンモデルは、凄まじいばかりの動力性能を誇っている。ここまでの出力が必要かどうかは疑問ながら走りの質感は高く、脚回りも見事なチューニングだ。前後輪のトルクの伝え方も巧みで感心する。

シリーズには3ナンバーサイズで、やや地上高を上げたランカスターがあり、アウトドア派にはツーリングワゴンより向いている。

レガシィツーリングワゴン　[富士重工]　デビュー・'98

①エンジン：2500水4DOHC／170ps／24.3kg-m、2000水4DOHC／137ps／19.0kg-m、2000水4DOHC／260ps／32.5kg-m 他②ボディ：全長4680×全幅1695×全高1485㎜③ホイールベース：2650㎜④最小回転半径：5.4〜5.6m ⑤車重：1390〜1530kg ⑥サスペンション：前ストラット／後マルチリンク⑦ブレーキ：前ディスク／後リーディングトレーリング、ディスク⑧10.15モード燃費：10.6〜13.6㎞/ℓ ⑨定員：5名⑩価格：190.5〜348.0万円

②ランサー セディアワゴン〔三菱〕……三菱の孝行娘、セダンよりお勧め

ランサーセディアのワゴン版で、非常にいい出来だ。サスペンションに、ランサーエボリューションⅦとほぼ同じ贅沢なものを採用している。それだけに走行特性がよく、俊敏に、安定して走る。

残念だったのは、三菱のリコール隠し問題が発覚する直前に国土交通省の認可を申請中だったことだ。認可がすぐには下りず、デビューが遅れ、影響をもろに受けてしまった。それでも少しずつよさが認められ、ワゴン人気低迷中にもかかわらず、悪くない売れ行きを見せている。

このクルマのよさがわかるというのは、日本のユーザーのクルマを見る目も堅実でたしかなものになってきた証拠かもしれない。

ワゴンとして使えないクルマが少なくないなか、ワゴンの基本をしっかり踏まえた設計で、キャビン、ラゲッジとも広く使いやすい。エンジンは１・８ℓのＧＤＩで、無断変速、ＣＶＴを合わせている。直噴ガソリンエンジンとＣＶＴは燃費向上が期待できる組み合わせで、今後も研究を続けてほしい。

ランサー セディアワゴン ［三菱］ デビュー・'00

①エンジン：1800直4DOHC／130ps／18.0kg-m、1800直4DOHC／165ps／22.4kg-m ②ボディ：全長4415〜4425×全幅1695×全高1465〜1470㎜③ホイールベース：2600㎜ ④最小回転半径：4.9〜5.2m ⑤車重：1240〜1310㎏⑥サスペンション：前ストラット／後マルチリンク⑦ブレーキ：前ディスク／後ディスク、リーディングトレーリング⑧10.15モード燃費：13.0〜15.0㎞/ℓ ⑨定員：5名 ⑩価格：149.8〜214.8万円

《その他のワゴン・ワンポイント解説》

●アルテッツァ　ジータ〔トヨタ〕

ワゴンらしく使えないワゴンのひとつで、スバルのインプレッサ、マツダのファミリアSワゴンと似たコンセプトだ。

●ステージア〔日産〕

スカイラインのワゴン版。車幅は1760㎜と広く、全長も4765㎜と長い。今、このサイズのクルマを買おうと思うユーザーは、駐車場の高さに支障のない限りミニバンを選ぶだろう。どちらかといえばビジネスに向いている。

●インプレッサスポーツワゴン〔富士重工〕

日本のスポーツワゴンのはしり。ワゴンのジャンルに入れるより、5ドアハッチバックと呼んだほうが適切かもしれない。セダンよりスポーツ性は劣り、ワゴンとしての役目は果たせない。

●ウイングロード〔日産〕

リアのサスペンションを巧みにまとめ、リアシートをたたんだとき、ラゲッジの床がフラットになるように仕上げてある。QC型エンジンは低速トルクが強く、ワゴンに向いている。ブレーキの利き味もよい。

●カルディナ［トヨタ］

レガシィをターゲットにしたワゴンで、全体としては乗りやすく、無難にまとめたクルマだ。ハイパワーエンジンを搭載したモデルもあるが、意味がない。また、フィールダーを前に、このクルマを選択する理由は見つからない。

●プリメーラワゴン［トヨタ］

脚のよさはセダン譲り。マニュアル的に操作できるハイパーCVTは、ギアを忙しく選んで走るのが好きなユーザーには向いている。CVTは、一般のATと同じくクリープ現象が起こる。

●アコードワゴン［ホンダ］

アコードワゴンは米国仕様と同じ幅広サイズながら、日本ではセダンより注目され、販売台数も伸ばした。エンジンは同排気量で、DOHCとSOHCの二種類ある。どちらもホンダならではのスムーズなエンジンだ。おおらかな雰囲気のこのクルマには、SOHCのほうが向いているような気もする。

PART6
スポーティカー
「走りの性能」が優れているのはどちらか？

●売れない「スポーティカー」が必要だといえる理由

クルマには、実用性と趣味性が併存している。大多数のユーザーにとって、クルマは生活を便利にするための道具だが、走りを楽しむためだけにクルマに乗りたいというマニアも少数ながらいる。

とくに走りにこだわってきたのはホンダで、創業者の本田宗一郎氏以来、代々の社長も走り屋が多い。しかし、趣味でクルマに乗る層は減少し、それにともなってスポーティカーもほぼ全滅に近い状況にある。トヨタではスープラが、日産でもシルビア、スカイラインGT－Rが生産中止になった。また、このモデルはいつまで生き続けるかわからないというクルマもある。

しかし、需要が少ないから消してしまえと、単純に言い切ることができないのも事実である。速く走るためのクルマ、スポーツ走行を楽しむことを目的としたクルマには、最先端技術の展示といった面もあるからだ。

たとえば、ホンダのNSXは、日本初の本格的スポーツカーといっていいクルマだが、ボディをオールアルミで仕上げた技術や、ホンダのエンジンの実力を世界に示した。世界を代表するフェラーリと比較しても、故障の少ないことや、運転の快適さなど、勝っている点が多かった。オートマチックトランスミッションを採用したのもホンダの革新的なところで、後にフェラーリがＡＴ車を開発したきっかけになったと言われている。

マツダのロータリーエンジンも、昔はコスモスポーツ、今はＲＸ－７に搭載されて、世間にマツダの力を知らしめる役目を負っている。また、海外メーカーのスポーツカーと競いあうことで技術の向上にも直結する。

こう見ていくと、スポーツカーは、たとえ月に数十台しか売れないモデルであっても、つくりつづけるべきクルマではないだろうか。何よりもエンジニアの仕事に対する張り合いが生まれることも大きい。

トヨタがＦ１に参戦したのも同じような意味合いがある。Ｆ１が今の形でいつまで続くかはわからないものの、少なくとも現段階では、その場での活躍は、トヨタの力を世界に見せつけることになると同時に、社員の士気を鼓舞する力となるだろう。気になるのは、かつてＦ１で大活躍したホンダだ。再参戦してから精彩を欠いているが、必ず底力を見せてくれるはずだ。

セリカ［トヨタ］ vs. アルテッツァ［トヨタ］

インテグラ タイプR［ホンダ］ vs. S2000［ホンダ］

セリカの評価……デザインは「個性的」だが、やや窮屈な乗り心地

その昔、スペシャリティカーという言葉があった。別名ナンパ車で、代表的なのがセリカと日産のシルビア、ホンダのプレリュードだった。しかし、同時に人気になることは少なく、常に3台のうちの1台だけが注目されるような売れ方をしていた。シルビアが売れているときはセリカとプレリュードがふるわず、プレリュードが成功すると、シルビアとセリカが低迷するというように、ばらつきがあった。

ところが、今はどれも元気がなく、シルビア、プレリュードにいたっては生産中止となり、残っているのはセリカのみとなった。このセリカは、日本ではほとんど話題にならなくなってしまったが、欧州ではよく走っているところを見かけた。現地にはない斬新なデザインが受けているようだ。

実際、セリカは初代から、近未来的なデザインを売り物にしてきたクルマで、それが今、欧州で人気になっているのは皮肉ではある。

１９９９年秋にデビューした現行セリカも個性的な顔つきで、良くも悪くも目立つ。しかし、今後とも、このジャンルのクルマが好調に売れることはないだろうし、ますます先すぼみになる可能性が高い。本来、この手のクルマは若者の支持を受けるはずだが、今、若いユーザーは、同じトヨタでも、ｂＢなどの2ボックスカーや、ミニバンに関心を示している。セリカは、少なくとも日本のユーザーの志向からは外れてしまったと言うしかない。

セリカの運転席を、包まれ感があって心地よいと評価する一部のモータージャーナリストがいる。しかし、一度でも開放的なクルマに乗ると、セリカのキャビンは閉所恐怖症にでもなりそうで、忌避するユーザーが多いだろう。少なくとも、このクルマで２００km以上の距離を走る気にはならない。前方視界も悪く、それだけで疲労が増してしまう。

実は、輸入車に乗ったユーザーが日本車に戻ってこない大きな理由のひとつが、全般的に、日本車のキャビンが狭いというところにある。輸入車に慣れてしまうと、日本車の窮屈な感じが嫌になり、乗る気にならなくなる。今の日本車はかなり改善されてきたが、セダンのなかには、まだパッケージングに難のあるモデルが目立つ。

セリカは、先代モデルまでWRCへ参加し、そこそこの成績を残していたが、現行車が撤退した理由も、視界が悪く、ラリーは闘えないとプロのドライバーから指摘されたためだ。

エンジンは直4の1800ccのみで、標準仕様の145馬力と、可変バルブタイミング&リフト機構付きの190馬力がある。サスペンションの味付けは乗用車的で、今や、雰囲気で乗るこのクルマには、145馬力エンジンで十分だろう。若い男性ユーザーがデートカーとして使う分には、何ら不足はないはずだ。ただ、女性もこのクルマから離れているかもしれない。

アルテッツァの評価……トヨタが「BMW」をつくるとこうなるという見本

トヨタのBMWという前評判が高かったこともあり、デビュー直後はかなり人気を得た。もともと日産のスカイラインをターゲットにしたクルマで、スカイラインの市場をかなり食った。しかし、勢いはすぐに止まり、現在に至っている。しかも、肝心のスカイラインはモデルチェンジし、走りのイメージが薄まった。アルテッツァから見ると目標を失ったようなもので、今後どう展開するか、興味深い。

しかし、今の日本で、速いクルマに魅力を感じるユーザーは少ない。トヨタはそんな状況を考えてか、若いころにクルマに憧れた熟年世代に向けて、「走り」の楽しさを強調したテレビCFを流したこともあった。だが、効果があったようには思えない。何より、今、熟年世代の大半は、景気低迷のなか苦しんでいる。速いクルマに関心を示すだけの余裕もないように見える。

クルマ自体は、コンポーネンツがプログレのもので、サスペンションにアリストのものを採用するなど、かなり贅沢に仕上げてあり、全体として悪いクルマではない。前後のオーバーハングを小さくとり、運動性能を高めてある。またFF全盛の今、FRファンには気になる一台だろう。日産のシルビアが生産中止になり、このクラスのFRはほとんど消滅してしまった。

エンジンは直4と直6があり、このクルマには直4のほうがボディ、サスペンションとのバランスがいいように思う。

セリカ　［トヨタ］　デビュー・'99

①エンジン：1800直4DOHC／145ps／17.4kg-m ②ボディ：全長4335×全幅1735×全高1305㎜③ホイールベース：2600㎜ ④最小回転半径：5.7m ⑤車重：1140kg⑥サスペンション：前ストラット／後ダブルウィッシュボーン⑦ブレーキ：前／後ディスク⑧10.15モード燃費：13.0km/ℓ ⑨ 定員：4名⑩価格：168.0〜226.4万円

アルテッツア　［トヨタ］　デビュー・'98

①エンジン：2000直6DOHC／160ps／20.4kg-m②ボディ：全長4400×全幅1725×全高1410mm③ホイールベース：2670mm④最小回転半径：5.1m⑤車重：1310kg⑥サスペンション：前／後ダブルウィッシュボーン⑦ブレーキ：前／後ディスク⑧10.15モード燃費：11.4km/ℓ⑨定員：5名⑩価格：208.0〜281.0万円

インテグラ タイプRの評価……ホンダエンジニアのガス抜きグルマ

先代インテグラまではセダンがあったが、販売不振だったことと、スポーツモデルのタイプRばかりが話題になったことから、現行インテグラはクーペタイプのみとした。タイプRという名称は特別の名称で、ホンダファンのなかでも、走り屋を自任するユーザーならば、一度はステアリングを握りたいと思うに違いない。

現在、タイプRは、インテグラとシビックに設定され、どちらも高出力エンジンと堅めたサスペンションで仕上げられている。ホンダのエンジニアのなかでも、速いクルマをつくりたいという人たちが、半ば趣味で開発したモデルと言ってもいい。

一般ユーザーには無縁のクルマながら、峠族などクルマを趣味にするユーザー、速く走りたい人には、これだけの性能のクルマが250万円前後で手に入ることは喜び以外の何ものでもないだろう。

ただし、このクルマに乗るには、周囲から白眼視されること、走行中は法律を犯しかねない自分と常に闘うだけの心構えは必要になる。タイプRを買ったのはいいが、免許証の点数がなくなり、クルマは駐車場の置物になっている……、そんな状況が続くことにもなりかねない。さらに、事故を起こし、他人を傷つけ、自分も痛い目にあう可能性も少なくない。

エンジン出力で見ると、160馬力のiSと、220馬力のタイプRがある。iSは、脚回りはタイプRとほぼ同じで、出力は小さいものの十分に速い。タイプRは爆発的な動力性能、運動性能で、テストコースでもなければ、また、よほど自制心がなければ、すぐに法定速度をオーバーするだろう。

ただし、乗り心地は悪い。この種のクルマに関心のある日本のユーザーは、堅いサスペンションのほうがいいという思いこみがあり、乗り心地は悪くて当たり前、むしろ、そのほうが雰囲気が出ると公言するようなドライバーもいる。

しかし、世界では、スポーティーであっても乗り心地がよくなければ評価されない。脚回りが堅いのはグレードの低いクルマで、それを喜ぶようなユーザーはいない。もちろん、高級車はどれも乗り心地がいい。たとえばポルシェにしても、BMWにしても、スポーティーではあるが快適だ。

BMWには、3シリーズのコンパクトなボディに大排気量エンジンを搭載し、45%という扁平率のタイヤを履いたモデルもあるが、実にしなやかで快適な乗り味だった。

問題は、欧州で販売するタイプRの乗り心地はよく、日本のものとは違うということだ。この大きな理由が、自動車雑誌など、日本のモータージャーナリストがゴツゴツした脚を評価するためだ。ホンダにとって、乗り心地のいいスポーティーカーをつくるのは簡単なことだが、ジャーナリストの意識が変わらなければ、日本のスポーティーカーの脚も容易には改善しないだろう。

タイプRには、もうひとつ同じ名前のクルマがある。シビックタイプRだ。どちらもシビックのコンポーネンツで仕上げてあり、姉妹車の関係になる。

それでも、シビックタイプRのほうが、インテグラタイプRよりもいくぶん価格が安いだけ、若い走り屋には注目のクルマだろう。また、シビックタイプRは、ホンダとしては、はじめて英国ホンダで製造して日本へ逆輸入するクルマだ。

エンジンはインテグラタイプRと同じ2000ccのiVTECで、トランスミッションは6速ATのみの設定だ。忙しくギアを選びながら峠道を走りたいユーザーには、これほど面白いおもちゃもないだろう。

しかし、シビックも、欧州仕様のサスペンションのほうが乗り味がいい。欧州で乗ったタイプRは、しなやかで実にいい脚を持っていた。ところが、日本仕様はゴツゴツした堅い脚になっている。そろそろ日本の走り屋も、本物のスポーティーカーの脚を知ってほしいものだ。

S2000の評価……いい出来のオープンカーだが価格がネックか

ホンダには、本格的なスポーツカーと呼んでいいNSXがある。しかし、簡単に誰もが買える価格ではない。そこでもっと身近なクルマが欲しいというユーザーのため、そしてホンダエンジニアの開発意欲を満たすためにつくられたのがS2000だ。オープンながら剛性の高いクルマで、悪くない出来だ。

ただし、ホンダはS2000を積極的に売るつもりもなさそうだが、300万円オーバーの価格は高すぎる。マツダのロードスター並みの価格とはいわないが、もう少し手頃感を出してほしかった。

インテグラ タイプR　[ホンダ]　デビュー・'01

①エンジン：2000直4DOHC／220ps／21.0kg-m ②ボディ：全長4385×全幅1725×全高1385㎜③ホイールベース：2570㎜ ④最小回転半径：5.7m ⑤車重：1180kg⑥サスペンション：前ストラット／後ダブルウィッシュボーン⑦ブレーキ：前／後ディスク⑧10.15モード燃費：12.4㎞/ℓ ⑨定員：4名⑩価格：174.0～259.0万円

S2000［ホンダ］デビュー・'99

①エンジン：2000直4DOHC／250ps／22.2kg-m②ボディ：全長4135×全幅1750×全高1285㎜③ホイールベース：2400㎜④最小回転半径：5.4m⑤車重：1240〜1260kg⑥サスペンション：前／後ダブルウィッシュボーン⑦ブレーキ：前／後ディスク⑧10.15モード燃費：12.0㎞/ℓ⑨定員：2名⑩価格：343.0〜361.0万円

PART7

ハイブリッドモデル

将来を左右する「環境対策技術」は
どちらが勝るのか？

●トヨタ対ホンダの技術力勝負

今、世界の自動車業界は環境問題と省資源がテーマになっている。結果として注目されているのがコンパクトカーであり、次世代の低公害、省エネカーだ。

もちろん、自動車メーカーは、環境改善のために真剣に取り組んでいるのは間違いないが、一方では、I章で触れたように、利幅の大きなビッグカーを売るために、コンパクトカーと並んで、低燃費、低公害のクルマを開発している面もある。

今、世界の環境対策車を見ると、日本のトヨタ、ホンダが進んでいる。とくにトヨタは、エンジンとモーターを併用したハイブリッドカー、プリウスを世界ではじめて市販し、世界を驚かせた。

次世代のクルマはハイブリッドのような中途半端なものではないと言い放つような海外メーカーの責任者もいるが、プリウス発表当時の衝撃は大きかったはずだ。何よりも、プリウスが1997年にデビューして以来、ホンダ以外は、世界のどのメーカーも、次世代のクルマを予想させてくれるようなクルマを示せないでいる。日産はティーノのハイブリッド版をつくったが、やや実験的なクルマで、実質的にはトヨタとホンダだけが正式な商品として形にしたといっていい。

プリウスの後を追ったのは、ホンダのインサイトで、同じくエンジンとモーターを使ったハイブリッドカーとして登場してきた。ただ、正確にいえば、ホンダはトヨタより早くハイブリッドエンジンを仕上げていたようで、少しの間放っておいたというのが正しい。

その後、トヨタはエスティマのハイブリッドモデルをデビューさせ、ホンダもシビックのハイブリッド版の販売に踏み切った。どちらも出来がよく、音が静かなことを除けば、特別なクルマであることを意識させない仕上がりだ。

ハイブリッドであっても、従来型のクルマと違った走りでは成功とはいえない。その点では、2台ともうまいチューニングをしている。エスティマに至っては、通常エンジンのモデルよりも走行性がいいほどだ。シビックも、いい走りだ。

今後、次世代型のクルマがどうなるか未定だが、ハイブリッドの他、燃料電池が有力な候補で、トヨタはGMと共同研究を進め、ホンダは独自で開発を行っている。どちらにしても、日本の民族資本のメーカーとして残った2社が積極的に取り組んでいるのは頼もしい限りだ。

プリウス［トヨタ］ インサイト［ホンダ］

VS.

エスティマ ハイブリッド［トヨタ］ シビック ハイブリッド［ホンダ］

プリウスの評価……リーディングカンパニーの「実力」を見せた1台

　1997年にこのクルマがトヨタから出たときは世界を驚かせた。今でこそ、ハイブリッドカーは珍しくはないが、プリウスがデビューしたころは、市販はしばらく無理と考えられていたからだ。

　ひょっとすると、プリウスの登場で、ホンダがいちばん驚いたかもしれない。同じような考え方のエンジンを、トヨタよりもひと足早く研究していたからだ。ただ、他の研究開発に忙しく、資金も人手も、新しいエンジンに十分に注がれていなかった。その間に完成したのがプリウスで、今、環境問題への意識の高いユーザーや、新しいものを好む人たちから支持され、世界中で走っている。プリウスは定員5名のセダンとしてハイブリッドを仕上げたことも人気の秘密だ。

プリウス以降、エンジンとモーターを組み合わせたハイブリッドカーは、ホンダのインサイトや、日産のティーノのハイブリッド版がデビューした。しかし、インサイトは二人乗りの走り重視の特殊なクルマで、ティーノは話題を提供しただけで消えてしまった。

その後、ホンダからシビックのハイブリッドが追加され、プリウスと競いあうようになった。トヨタにも、プリウスの他にエスティマハイブリッドモデルがあり、この分野の技術を二社がリードし続けている。

プリウスでは、ハイブリッドの仕掛けばかりが注目されているが、実はパッケージングも悪くはない。キャビンもサイズの割に広く、「世界最速のハイブリッドカー」を標榜してデビューしたホンダのインサイトに比べ、プリウスは実用車として使える。動力性能も、一般的な１５００㏄クラスのクルマと同程度で、日常生活には何ら不満のない走りをする。

スタート時はトルクの強いモーターだけで走りだし、速度が上がってきたり、坂道になるとエンジンが始動する。エンジンのＯＮ、ＯＦＦのショックがほとんどないのは見事だ。マイナーチェンジを受けてから、ブレーキの利き味も普通になるなど、非常に熟成されている。バッテリーが小型になった分、ラゲッジルームもスペースが広がったのは魅力だ。肝心の燃費は燃料1ℓあたり25km前後は走る。

エスティマ　ハイブリッドの評価……ホンダ・オデッセイに迫る走行性能を誇る

エスティマのハイブリッドモデルは四駆でまとめている。実は、これが大変な仕事だったようだ。ハイブリッドカーには、小さくなったとはいえバッテリーを搭載する場所をかなりとられる。四駆モデルは、メカニズムの占めるスペースが多く、そのうえ、ミニバンとしての広さ、使いやすさを確保しなければならない。

こんな状況下でトヨタが選択したのが前輪をエンジンとモーター、後輪をモーターだけで駆動する方法だった。通常は前輪だけで走り、急加速したり、出力が必要な場合に後輪がモーターで駆動される仕掛けだ。

ブレーキをかけたとき、車輪が抵抗して回転しようとするエネルギーを電気に変え、バッテリーに送って充電する仕掛けは同じだが、エスティマの場合、走行中にアクセルを離した瞬間から働くのでかなり効率が上がった。また、後輪をモーターだけで駆動し、モーターにターボエンジンと同じような役割をもたせたり、発電もさせるように工夫してある。

走りは、四輪のコントロールが見事で感心した。常に最も遅く回転する車輪に合わせて他の車輪の回転を調整する仕組みで、テストコースでかなり激しい運転をしてみたが、姿勢を乱すようなことはなかった。乱暴な運転をすると、コンピュータがたしなめるように、警告のアラームを出すだけのことだ。

もうひとつ感心したのは、車体の安定感が高いことで、これは床下に付属物を集めたせいで、起きあがりこぼしのようになるためだろう。かなりの速度でコーナーに入っても、かなりのところまで踏んばってくれる。

ミニバンの走りではオデッセイが秀逸だが、エスティマのハイブリッド版は、それに迫る走行性能を持っている。その上、音が静かなのはもちろん、発進時などのスムーズさもある。老齢の両親と同居していて、家族で旅行するというような場合には、このクルマのキャビンの環境は喜ばれるだろう。燃費は思ったほどよくはないが、1ℓあたり10㎞以下にはならなかった。重いミニバンとしては納得できる。

プリウス　[トヨタ]　デビュー・'97

①エンジン：1500直4DOHC／72ps／11.7kg-m ②ボディ：全長4310×全幅1695×全高1490㎜③ホイールベース：2550㎜ ④最小回転半径：4.7m ⑤車重：1220kg⑥サスペンション：前ストラット／後トーションビーム⑦ブレーキ：前ディスク／後ドラム⑧10.15モード燃費：29.0km/ℓ ⑨定員：5名⑩価格：218.0～236.5万円

エスティマ ハイブリッド　[トヨタ]　デビュー・'01

①エンジン：2400直4DOHC／131ps／19.4kg-m②ボディ：全長4770×全幅1790×全高1780㎜③ホイールベース：2900㎜ ④最小回転半径：5.6m⑤車重：1860kg⑥サスペンション：前ストラット／後トーションビーム⑦ブレーキ：前／後ディスク⑧10.15モード燃費：18.0㎞/ℓ ⑨定員：7名⑩価格：363.0～400.8万円

インサイトの評価……ホンダが意地を見せた「世界最速ハイブリッド」

プリウスの項で触れたように、ホンダはエンジンとモーターを併用するハイブリッドの研究を、かなり前から進めていた。ところが、語弊はあるが、やや研究を放っておいた間に、トヨタがプリウスでハイブリッドカー一番乗りを果たした。

ホンダとしては、プリウスと同じでは後追いしたように見られる……。そこで考えたのがコンセプトを変えることで、ホンダは世界最速のハイブリッドカーという方針で開発を進めた。それがインサイトだ。

エクステリアは、空気抵抗を徹底的に追究した結果、ひと目で他のクルマと一線を画した姿をしている。リアタイヤはフェンダースカートで隠され、昔のシトロエンに似ている。好き嫌いが強く出る形だ。

気になるのは、エクステリアから想像できるとおり、後方視界が悪いことで、初心者は運転に苦労するだろう。ただし、現実問題として、このクルマを免許取り立てのユーザーが買うとも思えないが……。

また、燃費を稼ぐクルマは、グリップの悪い硬いタイヤを履いていることが多く、インサイトもその例に漏れない。ゴツゴツした乗り味で、やはり特殊なクルマの感が否めない。

雨の日などにも遠出する気にはなれないクルマだ。十分にいい燃費であることを考えれば、インサイトのユーザーは、タイヤを履き替えるほうが賢明なように思う。

実用車としては、プリウス、あるいは同じホンダから出ているシビックハイブリッドに譲るが、新しいものが好きな人、メカニズムに興味のあるユーザーなどには、大人のおもちゃとして悪くはない。

シビックハイブリッドの評価……独走・プリウスと互角に戦えるクルマ

ホンダは、エンジンの効率的な燃焼の研究も積極的に進めている。そのことはフィットのエンジンを見ればよくわかる。ガソリンを使って直噴エンジンを上回る燃費を得ている。

それなら、コストのかかるハイブリッドに取り組む必要もないと思うユーザーもいるだろう。しかし、ホンダはインサイトに続いてシビックハイブリッドをデビューさせた。ホンダは、エンジンには絶対の自信を持っていて、その意地のようなものがハイブリッドの研究をさせているようにも見える。

ホンダの最初のハイブリッドカーは2座席のインサイトで、空気抵抗を追究した独特の姿をしている。実用車のプリウスにハイブリッドカーの先陣を切られ、ホンダはホンダらしく、最速のハイブリッドカーを目指した結果だ。

しかし、インサイトは、たしかにハイブリッドで最速のクルマではあるが、一般ユーザーにとっては実用的なプリウスのほうがはるかに認知度が高く、インサイトを知っているユーザーはクルマ好き以外にはいないだろう。これも、ホンダにシビックのハイブリッド版を開発させた理由のように思える。

ハイブリッドの宿命でバッテリーの置き場所が難しく、シビックではリアシートの背面に設置した。そのおかげで、トランクスルーはできない。しかし、キャビンは通常のシビックと同じスペースで、ラゲッジも342ℓの容量を確保している。セダンとして十分なスペースだろう。

フェリオのプラットフォームを使ったことでコストを抑えることができたため、価格もハイブリッドにしては、ほどほどに抑えてある。しかし、プリウスは、少しクルマに詳しい人ならひと目でハイブリッドカーだとわかるが、シビックハイブリッドの場合はフェリオと変わらぬ姿、形のため、世間にアピールしないのは残念な気がする。もう少し、省資源、低公害のクルマであることを知らしめるようなデザイン処理がほしかった。

１３００ccのエンジンとモーターを組み合わせ、カタログ上では１ℓあたり29・5kmの世界最高燃費（２００１年12月現在）を実現している。エンジンはフィット譲りのもので、ツインスパークプラグ方式だ。エンジンの負荷が大きいときはモーターがアシストし、小さいときはモーターが停止する。さらに減速時には、減速のエネルギーをモーターによって充電する。

通常のシビックと変わらない走行性能を示すのは立派だ。エスティマハイブリッドも、一般的なクルマのイメージから離れないように、ユーザーから特別なクルマと見られないように、さまざまな研究をしたという。シビックも、音が静かなことなどを除けば、違和感なく付き合えるクルマだ。ホンダが次にどのような省資源、低公害なクルマを出すか楽しみだ。

インサイト　［ホンダ］　デビュー・'99

①エンジン：1000直3SOHC／70ps／9.4kg-m（モーター）②ボディ：全長3940×全幅1695×全高1355㎜ ③ホイールベース：2400㎜ ④最小回転半径：4.8m ⑤車重：820kg⑥サスペンション：前ストラット／後車軸式⑦ブレーキ：前ディスク／後リーディングトレーリング⑧10.15モード燃費：35.0㎞/ℓ ⑨定員：2名⑩価格：210.0〜218.0万円

シビック ハイブリッド ［ホンダ］ デビュー・'02

①エンジン：1300直4DOHC／86ps／12.1kg-m（モーター）②ボディ：全長4455×全幅1695×全高1430㎜③ホイールベース：2620㎜④最小回転半径：5.3m ⑤車重：1190kg ⑥サスペンション：前ストラット／後ダブルウィッシュボーン⑦ブレーキ：前ベンチレーテッドディスク／後リーディングトレーリング⑧10.15モード燃費：29.5㎞/ℓ ⑨定員：5名⑩価格：209.0万円

本書は、本文庫のために書き下ろされたものです。

トヨタvs.ホンダ——どちらのクルマを買《か》う？

著者　三本和彦（みつもと・かずひこ）
発行者　押鐘冨士雄
発行所　株式会社三笠書房
〒112-0004 東京都文京区後楽1-4-14
電話　03-3814-1161（営業部）03-3814-1181（編集部）
振替　00130-8-22096　http://www.mikasashobo.co.jp
印刷　誠宏印刷
製本　宮田製本

 ISBN4-8379-6137-1　C0153

王様文庫